JN139673

小さい林業で稼ぐコツ

農文協編

軽トラとチェンソーがあればできる

農文協

はじめに――〝山に入る楽しみ〟を感じる人が増えてきた

近年、「定年帰林」や「新規就林」の動きが盛んになってきています。「定年帰林」とは、「定年帰農」の林業版といえるもので、定年退職を機に山の手入れを始めることです。長いあいだ、実家の山を見て見ぬふりをせざるを得なかったけれども、定年をきっかけに山に入り、自分で木を切る人たちが増えているのです。「新規就林」のほうはもう少し若い年代の人たちが多く、こちらは地方に移り住む場合も含めて、暮らしを成り立たせるための仕事の一つに林業を選ぶ人たちが増えています。

木材価格はバブル期以前のような高騰は望めませんが、伐採や搬出を森林組合などに委託せず、自分で切れば、そのぶん経費がかかりません。思ったよりも手元におカネが残ったり、自分の手で山がきれいになっていく喜びを感じたり、林業に新しく取り組み始めた人たちは、みんなとても楽しそうです。

日欧ＥＰＡで木材価格に不透明感が増していますが、本書では、こうした林業、すなわち山の手入れを人任せにしないで自分でやる林業を「小さい林業」と呼ぶこととしました。田畑ではイネや野菜を育てながら山の管理も暮らしの一部としていく、いわゆる「農家林家」の林業でもあります。他の品目や仕事と組み合わせながらコツコツと小さく稼ぐ林業は、情勢に左右されにくいといえるかもしれません。山の手入れは地域を水害などから守る防災面からも、重要視されてきています。

本書は、雑誌『季刊地域』や『月刊現代農業』などに掲載された記事を再編集し、「小さい林業」でしぶとく稼ぐためのコツを一冊にまとめた本です。山に入る人の裾野を広げることに少しでも役に立てたら幸いです。

２０１７年９月

一般社団法人　農山漁村文化協会

目次　小さい林業で稼ぐコツ

Part1 自分で切れば意外とおカネになる編

Part2 チェンソーを使いこなす編（新潟・舘脇信王丸さん）

小さい林業
絵目次

おっす。俺、チェン太郎。金太郎の子孫。山で暮らしてんだけど、うちの山は森林組合に任せてきた。人任せにしない林業を「自伐《じばつ》林業」っていうんだろ？　ご先祖様みたいにマサカリ1本で山仕事しなくても、今どきはチェンソーって便利な機械があるもんな。俺もチェンソーを上手に使えるようになって、間伐とか薪作りとかに挑戦してみたいんだ！

　自分で切れば意外とお金になるっていうし、そんな「小さい林業」のこと、みんなにゼロから教えてもらおうっと。

小さい林業とは、山の手入れを人任せにせず、自分で何でもやる林業のこと。自分で切った木を薪《まき》にして売ったり、木の駅に出したり、造材の技を磨いたり、製材して売ったりして工夫を重ねる、自立した林業。

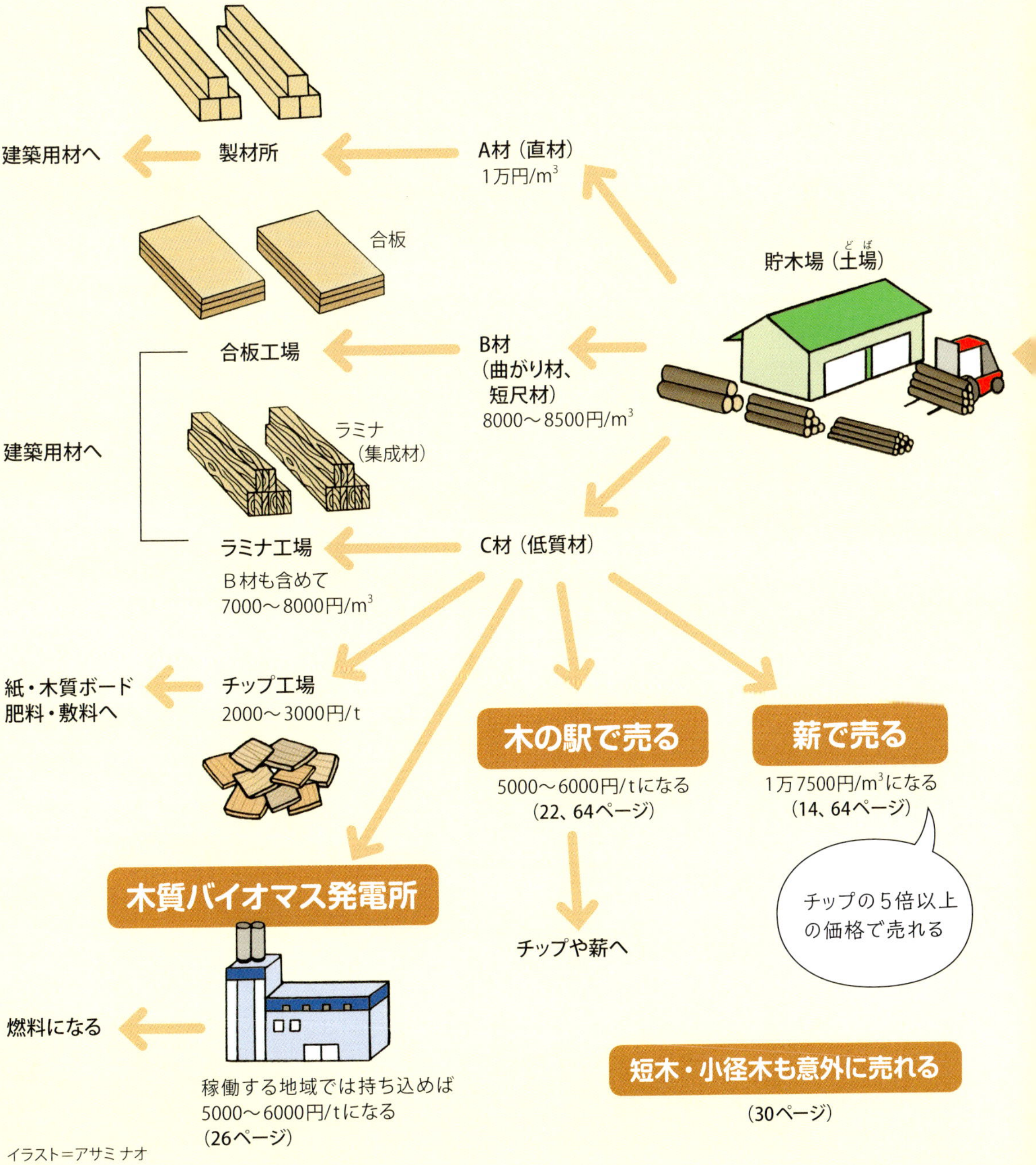

イラスト＝アサミ ナオ

おもな用語さくいん

Part 1

自分で切れば意外とおカネになる編

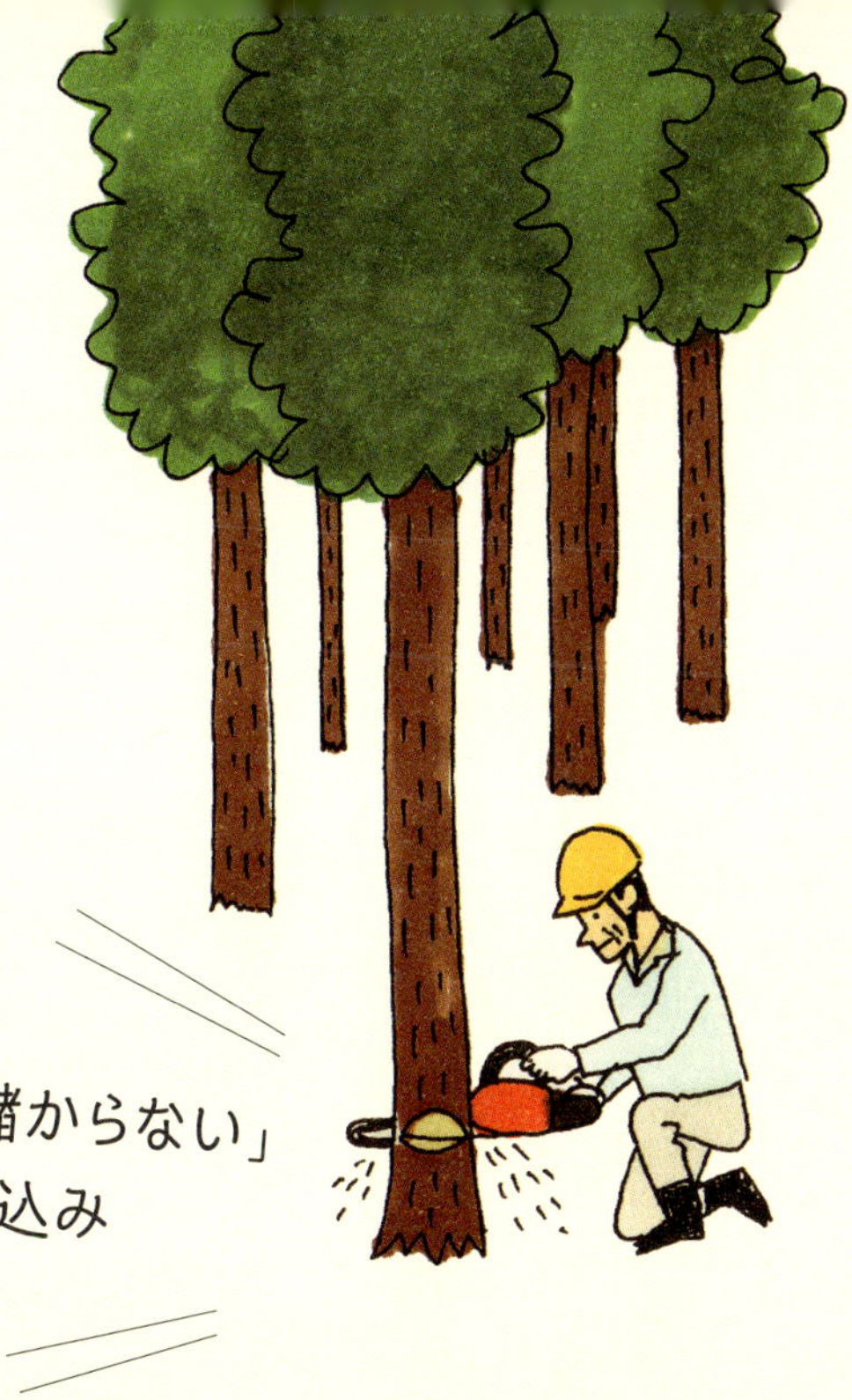
「山は儲からない」
は思い込み

初代モリ券長者は42年ぶりのUターン農家

愛知県豊田市・高山治朗《じろう》さん

文＝編集部　写真＝高木あつ子

愛知県の高山治朗さんは7年前、息子のUターン就農に合わせて42年ぶりに実家に戻った。高校進学で実家を離れたあとは、大学卒業後に教員となって近隣の岡崎市に赴任し、途中秋田県や三重県の農業法人に勤めたこともあった。現在、9haの山の手入れは治朗さんの仕事だ。

牛に引かせて山から木を出すのを手伝った

治朗さんには子どものころ、牛に引かせて山から木を出すのを手伝った記憶がある。お父さんの悦夫さんに連れられてよく山に行き、下草刈りやつる切りもした。幼少期の「ほんのちょっとの記憶」ではあるのだが、その原体験のある山を見て見ぬふりはできないと心の底でずっと思っていた。

だから息子の太朗さんが就農したいと言ったときも、太朗さんが畑の仕事に集中できる

高山治朗さん（65歳）と太朗さん（37歳）、悦夫さん（95歳）

よう、自分は田んぼと山の守りをしようと迷わず決めたのだった。そしてUターンして間もなく、山は「守る」ものであると同時に「お金にもなる」ものであることに気付くことになる。

間伐材が1m³ 6000円の地域通貨に

治朗さんと太朗さんがUターンしたのは2010年。治朗さん58歳、太朗さん30歳。この年、治朗さんは森林組合が主催した「自主自力間伐講座」に参加し、初めて自分で木を切った。チェンソーの使い方もわからなかったので地元主催の「森林学校」で習った。ちょうどそのころ、間伐材を地域通貨*で買い取る「木の駅」というプロジェクトが地元（旧旭町）でスタート。治朗さんはその実行委員長となった。

木の駅に間伐材を出荷すると、事務局がパルプチップ用や薪用として1m³*6000円の地域通貨で買い取ってくれる。この地域通貨はモリ券とも呼ばれ、地域のモリ券加盟店で使うことができる。

初年度の買い取りは3月5～27日に行なわれ、出荷者は30人、出荷量は90t。治朗さんはそのうちの14tを出して、初代モリ券長者となった。そしてそのモリ券で地域が潤うことに身をもって気付く。

地元の商店でお酒と刺身が豪快に売れる

治朗さんが住む旧旭町では地元で買い物をする人は年々減り、紅葉の名所として知られる旧足助《あすけ》町で買うことが多い。そんななか、モリ券の使用期限が切れそうだったので、地元商店の「彦平」で太朗さんが刺身を買った。治朗さんも中学を卒業して以来、地元で買い物をしたことはまずない。町会議員をしていた悦夫さんでさえ「この町のガソリンは世界一高い」と公言して町内では買い物をしない有り様だったが、その悦夫さんが「この刺身はうまい！　足助で買ったんじゃないのか？」と驚いた。治朗さんはこの話をことあるごとに披露。「彦平」は高山家の御用達となり、モリ券で豪快にお酒と刺身を買っていく地元のお客さんでにぎわうようになったのだ。

木の駅プロジェクト3年目には出荷者は52人に増え、出荷量は300tを超え、モリ券発行総額は約300万円に。6年目の去年と7年目の今年には、ついに400万円近くにまでなった。森林組合購買部では、チェンソーやトビがよく売れるようになったそうだ。

木がお金になることが少しずつ知られるようになったおかげで、それまでは出なかった山の話がみんなの会話のなかに出るようになり、道端から見える山がちょっとずつきれいになっていくのが治朗さんはうれしくて仕方ない。

木の駅に出荷する間伐材をチェンソーで切る治朗さん

＊地域通貨
地域のコミュニティ内などで、法定貨幣と同等の価値あるいはまったく異なる価値があるものとして発行される貨幣。ここではモリ券と呼ぶ。

＊1m³（いちりゅうべい）
生木だと1tだが、薪に乾燥させるとスギで0.38t、ナラで0.67tくらい（64ページ参照）。

「シマントモリモリ団」が始めた自伐型林業

文＝宮崎 聖《せい》（高知県四万十市・「シマントモリモリ団」団長）

１９９０年代後半から注目されている「半農半X」は、半自給的な「小さい農業」を営みながら、残りの時間（X）は、自分のやりたい仕事に力を入れるという生き方です。林業でも同じような発想ができるのではないでしょうか。私の場合は、「小さい林業」と観光業の組み合わせ。いま、自伐型林業＋Xの「複業」がU・Iターンの定住の可能性を広げています。意外なことに自伐型林業があることで、Xの収入も増えているのです。

4年目で年収1000万円⁉
——「自伐」なら自分でもできそうだ

私は大学を卒業後、16年前にUターン。実家の製材所の知的障碍者福祉工場で木工加工を学びながら、カヌーのガイドや貸しコテージの運営で生計を立ててきました。しかし、四万十市の観光業は8月の夏休みに集中しているうえ、自然体験施設は天候に左右されるので収入が不安定です。ほかの時期に何かよい仕事はないかと考えていたところ、２０１１年に参加したフォーラムで、NPO法人土佐の森・救援隊*の副業型自伐林業*に出会いました。退職してから林業を始めたという親子が、4年目で年収１０００万円を超えたという話を聞いて、これなら自分にもできそうだと思いました。

さっそく、土佐の森・救援隊の講座に申し込んで、林業に最低限必要な伐倒・搬出の知識を学び、２０１３年には地元の自然学校の仲間たち10人と、森林ボランティアグループの「シマントモリモリ団」を結成。東京から移住してきた谷吉梢さん（27歳）や、夫で地元出身の谷吉勇太さん（30歳）らがメンバーに加わりました。

当時、高知県では森林ボランティアの団体に対し、最大50万円まで助成する制度があったので、チェンソーやヘルメットの購入など、初期投資はゼロです（バックホーなど高額の重機はリース）。あとは山さえ持っていれば、すぐに自伐林業を始められたのですが、メンバーに山林所有者はいなかったので、まずは施業をまかせてもらえる山探しから始めました。1年目は叔父が所有する1haの山を間伐。2年目以降は、自宅から車で5分のところにある祖母の山（40年生のヒノキ山7haで、「モ

筆者。38歳。大学卒業後にUターンし、実家の製材所を手伝いながら、貸しコテージの運営やカヌーガイド、自伐型林業などで生計を立てる

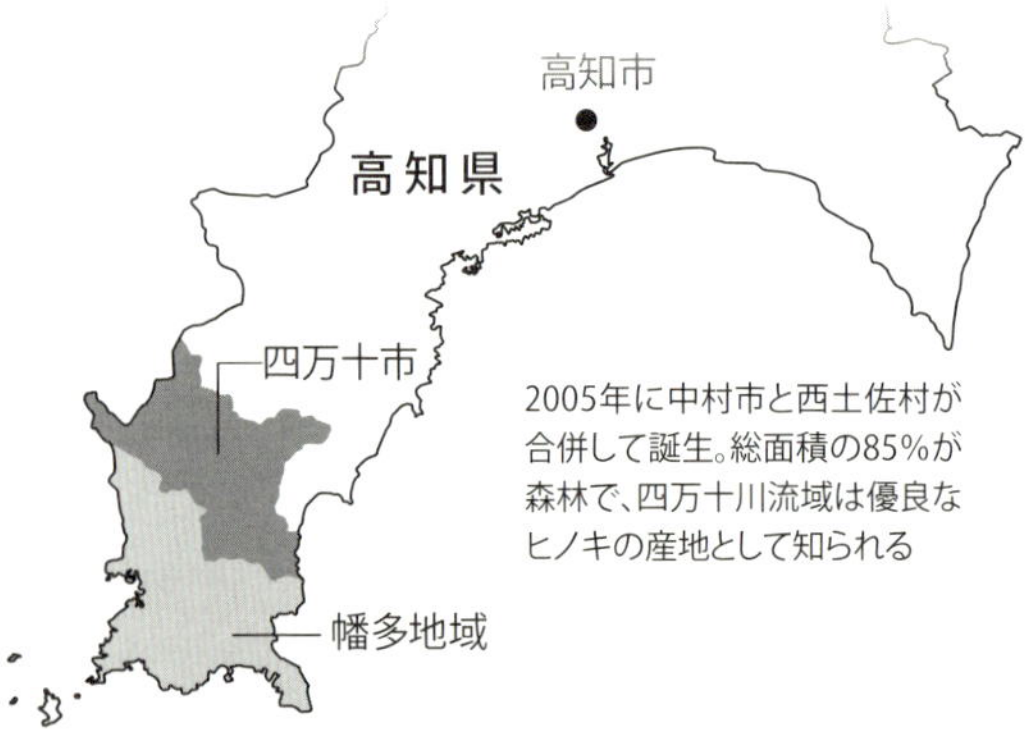

2005年に中村市と西土佐村が合併して誕生。総面積の85%が森林で、四万十川流域は優良なヒノキの産地として知られる

リモリ団山」と命名）が活動拠点となり、観光のオフシーズンに作業道づくりや木材の搬出をしています。

薪用のC材が1m³7000円で売れる

高知県では2・5m以下の作業道づくりを対象に2000円/mの補助金が出ますが、それ以外の山からの収入は、地元製材所に出荷するA材*と薪ボイラー用のC材*の販売。2014年に地元の公共温泉「山みずき」が薪ボイラーを導入して以来、C材を1mの長さに玉切りして温泉に持ち込むと1m³7000円で買い取ってくれます。モリモリ団の場合は、軽トラに積んで運んでいますが、年間70m³ほどのC材を供給しています。

燃料用だから造材*に失敗しても問題ありません。チェンソーの研修を受ければ誰でもできるし、1m規格で軽トラにも積み込みやすいので、自伐型林業の入り口にピッタリです。

公共温泉が設置した薪ボイラー「ガシファイアー」

製造はアーク日本㈱
新潟市秋葉区滝谷町8番11号
TEL0250-23-5374

温泉側も重油から薪に切り替えたことで燃料代が3分の1以下になり、温泉のかけ流しも可能になりました。

造材の技を磨きたい

本当におもしろいのは、伐倒・造材など、間伐をくり返しながら木を育てていく山づくりです。特に造材は腕のみせどころ。1本の木をいかに高く売るか、原木市場の相場表を見ながら、材の長さ（3m・4m・6m）や末口径*、曲がりを見極めて、一番高くなる造材を考えるからです。たとえ40年生のヒノキの放置林でも、造材の工夫で高単価のA材をきちんととることができます。1m³当たり1000円以上単価が上がれば、年間の搬出量によっては数十万円も収入が増えるのです。これが一生だとすごい金額になります。

最近の大規模集約型林業は、補助金に誘導されるため、生産性を優先した皆伐や列状間伐が施業の主流で、造材も機械化で一律の長さにカット。木1本1本をみる選木や造材の技術がなくなっているように思います。1日5万円の生産をしても、作業員の日当は1万円程度。これではやりがいがもてません。

私たちのような林業の初心者でも、的確な支援や技術指導があれば、自伐型林業を始めることは十分可能です。まだまだ経験不足で作業効率は悪いのですが、赤字ではありません。

また、補助金は作業道のみで、間伐の分はもらってい

＊NPO法人 土佐の森・救援隊
2003年、高知県いの町で設立された森林ボランティア団体（理事長・中嶋健造）。チェンソーと軽トラさえあれば、誰でも参入できる「自伐型林業」を各地に広めている。

＊自伐林業
「自伐」とは施業を委託せず、山主が自ら伐採・搬出することだが、最近は持ち山がなくても、山主に代わって山林経営を行なう「自伐型」に関心をもつU・Iターンの若者が増えている。

＊A～C材
A材は直材で高単価だが、曲がり材あるいは短尺材のB材や、低質材のC材は出荷してもふつうは低単価にしかならない。

＊造材（ぞうざい）
伐倒した木の枝を払い、寸法を測って玉切りしていくこと。倒しただけの木から、「丸太」という商品につくりあげる作業で、曲がりが少ない丸太ほど良質な柱材になるので高単価になる。

＊末口径（すえくちけい）
丸太の切り口が細いほうの直径。丸太の長さとともに、市場出荷の際の販売基準となる。検寸のときに14㎝以上は「2㎝括約」で、16㎝以上18㎝未満のものは「16㎝」の扱いになる。つまり、17・9㎝で出荷するのが一番損。

ません。というのも、間伐の補助金は搬出量の条件があるので、副業という位置づけの自伐型林業には合わないからです。

夏は観光業、冬は自伐型林業で年収400万円目標

谷吉梢《たによしこずえ》さんは4〜10月の観光シーズンは四万十市のカヌー体験施設でインストラクターとして働き、それ以外はモリモリ団で自伐型林業に従事しています。先述したとおり、四万十の自然体験施設の旬は夏のみ。シーズンが終わればバイトはサヨナラでした。カヌー体験施設は毎年、夏になるとバイトを募集して、一から教えないといけないのでインストラクターの質も上がらず、繁忙期に詰め込んで仕事をするので、体験の質も落ちてリピーターが減少するという悪循環になっていました。

この流れを断ち切ったのが、冬にきちんと収入になる自伐型林業です。中古の軽トラック（30万円）とチェンソー（7万円）は購入。3tバックホーや林内作業車といった高額な重機はすべてリースなので、作業道づくりの補助金（2000円／m）で十分まかなえました。2年目には、道づけした山でA材は地元の製材所、C材は温泉施設に出荷することで、補助金以外の収入も見込めるようになったのです。

梢さんはバックホーだけでなくチェンソーも扱えるので、地元の特殊伐採*の手伝いなど、林業の補助金以外の収入も見込めるようになり、2年目は年収190万円ほど、3年目となる2016年は340万円ほどで、夫婦ともども観光業＋自伐型林業の複業で年収400万円を目標に掲げています。まだ小さい仕事ですが、しっかり自立を目指して進んでいます。

増える「新規就林」

最近では私たちの活動を見て、自伐型林業を始める同世代（20〜30代）が増えてきました。それこそ「高知県小規模林業推進協議会*」の会員は、四万十市を含む幡多《はた》

チェンソー講習＋間伐体験イベントに参加した12名の若者たち

また来てくれるように、間伐しないで残す木にネームプレートをつけた

＊特殊伐採
立ち木を倒して切ると支障がある場合に、ロープで吊るなどして倒さないで伐採する方法。

＊高知県小規模林業推進協議会
小規模林業の推進を目的に2014年に設立（事務局：高知県森づくり推進課）。小規模林家やNPO法人、森林ボランティア、林業研究グループなどを対象に、自伐型林業の研修や支援事業などに取り組んでいる。

地域の6市町村で100人ほどになり、うち20人ほどが、作業道づくりや搬出間伐に取り組んでいます。

私の場合は、木工業＋観光業＋自伐型林業の組み合わせですが、木工業（ベンチボックスや収納棚など）が収入の中心で、貸しコテージ業は夏場だけの収入で不安定です。しかし、モリモリ団の自伐型林業が注目されるようになってからは視察の受け入れや取材が増え、冬場も貸しコテージを稼働。観光業の収入アップに自伐型林業がプラスに働くようになりました。当初は、自伐型林業だけで周年稼げる仕組みをつくろうと思っていましたが、なぜか、これまで限界を感じていた本業が、林業と組み合わせることで安定してきたのです。

本業の収入が減りそうなときは林業で補填。山に作業道さえ開設しておけば、いつでも材を出荷できるので安心です。1次産業の自伐型林業（作業道敷設・搬出間伐）を行なうことで、2次産業の木工や炭焼き、原木シイタケの栽培、3次産業の観光、自然体験（グリーンツーリズムやエコツーリズム）など、さまざまな仕事がうまくつながっていくと確信しています。

自伐型林業も3年目に入って作業が落ち着いてきたので、2016年にはモリモリ団山を活かした新しい挑戦も始まりました。村おこしNPO法人「ECOFF」（東京都文京区）と7泊8日の移住者向けの自伐型林業体験ツアーを企画したところ、定員10名がすぐにキャンセル待ちとなりました。そして参加者のひとりが山を購入し、移住することも決定。「新規就林」を志す新しい仲間がまたひとり生まれたのです。

自伐型林業は林業再生だけでなく、中山間地域の再生だと思います。単に木の伐採・搬出だけでなく、山を守り、地域に住みついて、地域を代々担っていくことも使命。人口減、若者の就労機会の確保、人材育成、福祉など地域の課題を解決していける可能性が十分あります。

50年先のことはわかりませんが、山に作業道をつけておきさえすれば、いつでも木が出せるので、自伐型林業をしたいというU・Iターンの受け入れもできます。そして、間伐をくり返すことで木の本数は減りますが、1本1本の木が太るので材積は増えます。その結果、収入を上げながら、仕事量は減少。空いた時間で農業や観光業と組み合わせた複業ができます。「林業は儲からない」といわれますが、組み合わせ次第で地域に就業機会をどんどん広げる可能性をもっていると思います。

＊宮崎さんたちの作業道づくりについては94ページ参照

チェンソーで木を切る谷吉梢さん

谷吉梢さんの年間収入の内訳

秋冬	春夏	
（10月～3月）	（4月～9月）	（スポット）
自伐型林業	**観光業**	**農業**
作業道敷設・薪づくり	カヌーガイド	イベントの手伝い
150万円	180万円	10万円

＊自伐型林業の実働は1日6時間で、月10日ほど
＊2016年の観光業は7～9月のみの営業

薪で売る

山暮らしの術に薪販売あり
——伐倒から薪割り、乾燥、販売までの流れ

新潟県三条市・舘脇信王丸《たてわきのぶおうまる》さん
文・写真＝編集部

山から切り出す
40cmで
切り揃えると
運びやすいですよ
40cm

折れたり曲がったりしたスギを、その場で薪の長さ40cmに玉切り。軽く持ち上げられ、軽トラでラクラク搬出できる

切り口の根元方向にチョークで印をつけておく。昔から薪割りは「木元竹末《きもとたけうら》」（木は根元から、竹は先端から割る）といわれ、印をつけた根元の面を上にして置いたほうが割りやすい

10年前、都会でのサラリーマン生活をやめて実家にUターンした舘脇さんが、人里離れた山中で暮らしていく術をあれこれ探し求めた結果、たどりついたのが薪販売だったという。

舘脇家では、16haのスギ林を所有している。Uターン当初は舘脇さん、状態のいい間伐材を切り出し、木材として森林組合に売ってみたりもしたそうだ。

しかし、大変な思いをしてトラックで運び出しても価格は1m³で7000〜8000円。木材価格は下がりっぱなしで、「正直言って先が見えない」生活だった。

そんな頃、自宅のストーブで燃やす薪をつくっていたら、知り合いから「薪を売ってくれないか」と声がかかった。子どもの頃から薪割りが日常だった舘脇さん、「え？薪って買うものなの⁉」とビックリ。「値段も適当にエイヤッとつけたんですけど、喜んでくれて。あぁそう

割る

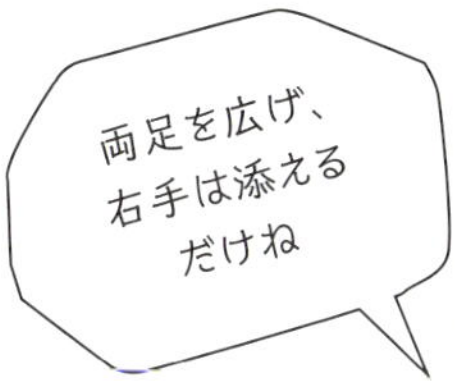

両足を肩幅よりやや広めにして立ち、斧をまっすぐ頭上に振りかぶる。両足を開いていれば、刃が股の間をすり抜けるので安全。このとき左手はしっかり持つが、右手（利き手）は刃の側に添えるように軽く握る

斧でなかなか割れない太くて硬い広葉樹なども、クサビを2本打ち込めば簡単に割れる

薪

乾燥させる

雨よけシートは上だけにかけ風通しをよくする。このまま針葉樹なら半年、広葉樹なら2〜3年は乾燥させて含水率20％以下にする。よく乾燥した薪ほどよく燃え、ススも出にくい（くわしくは18ページ）

売る

1棚（軽トラ荷台1杯）≒1m³
一般に1棚で1カ月もつ。
わが家は一冬に10棚程度使う
（20ページ参照）

か、薪って売れるんだと。そこから始まったんです」。

　木材で売るのと違い、薪なら木の状態を選ばない。細い木、曲がった木、雪で折れてしまった木などなど、木材としてはとうてい売れないような木でも、薪にすれば売れる。好きなときに好きな長さに切って運べるから、作業もラク。何より、先の暗い木材相場にやきもきしながら何年も山の手入れをするのは気が滅入るが、薪なら切って半年も乾かせばお金にできるので、気分的にぜんぜん違う。

　価格は、スギの薪で軽トラ1台（約1m³）1万4000円とかなり良心的だが、木材で売るよりも、断然お金になるのも事実だ。販売を始めた当初はインターネットで「薪屋ドットコム」というホームページをつくって広く販路を開拓していたが、現在は新潟県内で毎年注文してくれるお得意さんがいるので、それだけで販売は安定。お茶飲みがてら配達して回るのが楽しみにもなっている。

斧を使った薪割りのコツ

滋賀県東近江市・村山英志《えいじ》さん

文＝編集部　写真＝鈴木千佳

薪割り歴8年、年間100tの薪を売るという村山さんに、斧でラクに割るコツを伝授してもらった。

斧の振り上げ方

斧を振り上げるときは、斧と薪が体の中心と一直線になるように意識。斧の高さの目安は、手首の位置が頭の上にくる程度。ちょうど竹刀を振りかぶる剣道の上段の構えをイメージ

薪割り台は直径30〜40cmほどで大きいほうが安定する

台の高さは、薪割り台の高さ＋薪の長さ＝腰の高さ−10cm（割るときに腰を落とす分）が目安。たとえば、身長170cmの人が長さ40cmの薪を割る場合なら、25〜30cmが妥当なところ

斧の振り下ろし方

慣れるまでは振り下ろし始めだけ力を入れ、あとは遠心力と刃の重みを最大限に利用。刃先を薪に置く感じでも十分に割れる。力を込めて振り下ろすよりも、同じところに振り下ろせるよう意識することが上達の秘訣。慣れてきたら両腕のグリップを絞り込むようにすると、さらに精度が上がる

腰を落とすことで刃先に体重が乗る

振り下ろした刃が薪にあたる瞬間、膝を軽く曲げて腰を落とす。膝を曲げることで刃先に体重が乗るので、薪が割りやすくなるだけでなく、振り下ろした腕にブレーキがかかるので、刃を落とした位置が薪からそれても刃先が自分の足にくる危険性がない

斧の持ち方

握り手の間隔が開き過ぎると振り下ろすときに斧が放物線を描かないのでくっつけてもよい

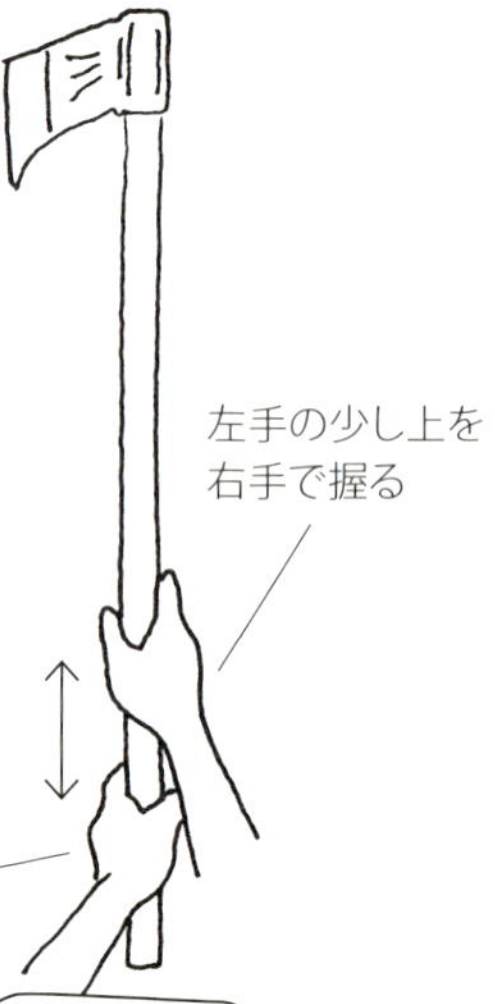
柄の先端から5cmほど上を左手で握る

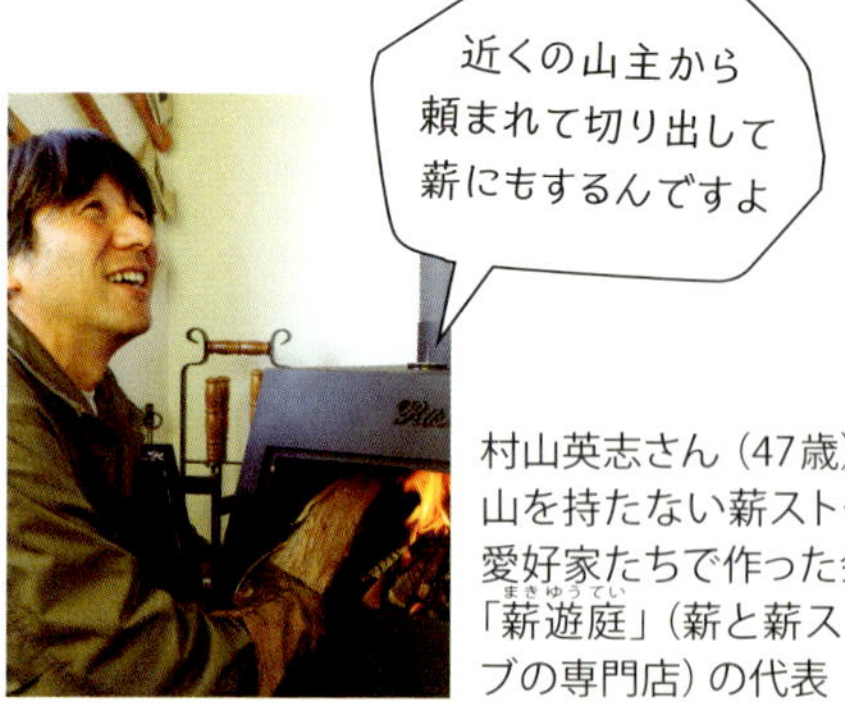

村山英志さん（47歳）
山を持たない薪ストーブ愛好家たちで作った会社「薪遊庭《まきゆうてい》」（薪と薪ストーブの専門店）の代表

薪割り機の工夫

文＝編集部

廃品だけで作った移動式薪割り機

福岡県・大橋鉄雄さん

茶農家で、自分の山の木を製材・直売する林家でもある大橋さんは、日頃使う機械の廃品を集めて薪割り機を作った。油圧シリンダーで木を押して、反対側に固定した爪で割るしくみ。重いので小型の車輪をつけて移動しやすくしてある

トラクタに装着 強力な薪割り機

群馬県・久保田長武さん

使えなくなった大型ユンボの油圧シリンダーをトラクタに据え付け、台の端に加工したサブソイラの刃を取り付けた。トラクタから取り出した油圧はとても強いので、かなり太い丸太でも簡単に割れる。どこでも移動できるので、友達にも気軽に貸せる。廃品を利用し、14万円で自作

薪がパカッと割れる 幅広刃をつけた

埼玉県・菅原陽治さん

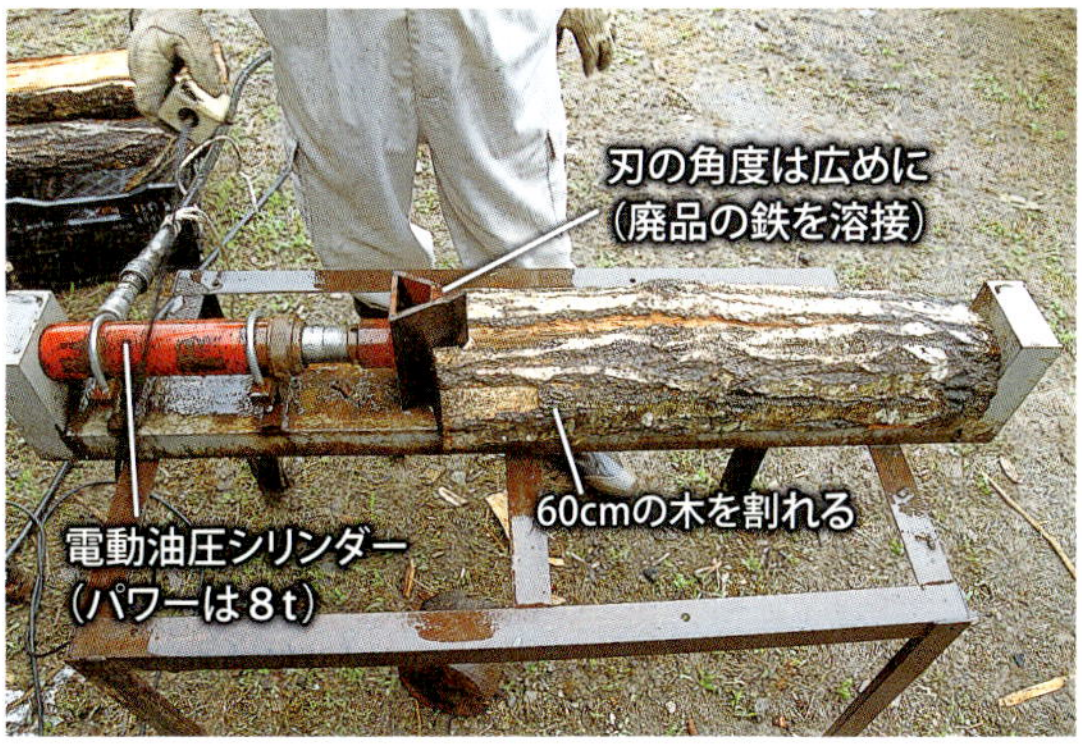

もらいものの油圧シリンダーのストローク（伸び幅）が短かったので、刃の角度を広めにした。木に刃が少し食い込めばパカッと割れる（鋭角な刃は食い込みはいいが、奥まで刃が入らないと割れない）

●手動式薪割り機「剛腕君IFM-12T」

ダブルピストン式油圧ジャッキを採用。両腕を前後に振って動かすだけで女性でもラクに薪を割れる。大きめのゴムタイヤ付きで移動もラク

最大処理径25cm、最大処理長44cm、粉砕力12 t、重さ54kg。価格2万8800円
インターファームプロダクツ㈱
東京都練馬区向山4-35-1　TEL 03-3998-0602

薪販売でいちばん大事な乾燥のコツ

新潟県三条市・舘脇信王丸さん

文・写真＝編集部

とにかく風通しのいい場所を選ぶ

最初は自宅近くの掘っ立て小屋の中に薪を積み上げていましたが、屋根があるのにカビが生える始末。スギ林のすぐ脇では風通しが悪いため、乾燥が進まないことがわかりました。現在は、里に下りて集落の田んぼの脇の土地を使用しています

雨よけは上面だけブルーシートでOK

割った薪は、地面から15cm上げて縦2列に積み上げ、真上だけに防水シート（ブルーシート）をかけます。簡素で大ざっぱに見えると思いますが、これがいちばん乾燥しやすい条件です。側面の囲いは絶対にしてはいけません。薪は風通しによって乾きます。縦３列もだめ。真ん中の薪が乾きません。薪は割った面から水分が蒸発するので、積むときは割った面を上にし、樹皮はなるべく下側に

うちの薪はホームセンターのものとどう違うのか？　とよく聞かれます。それは乾燥を徹底していることです。巷の薪の多くは、乾燥が十分でない状態で販売されているようです。ナマでは燃えが悪いし、炎の熱エネルギーが水分蒸発のために浪費されるため暖かくありません。ススが多いので煙突が詰まります。そこで、当店では薪を十分に乾燥して、お客様に満足いただける品質にしています。

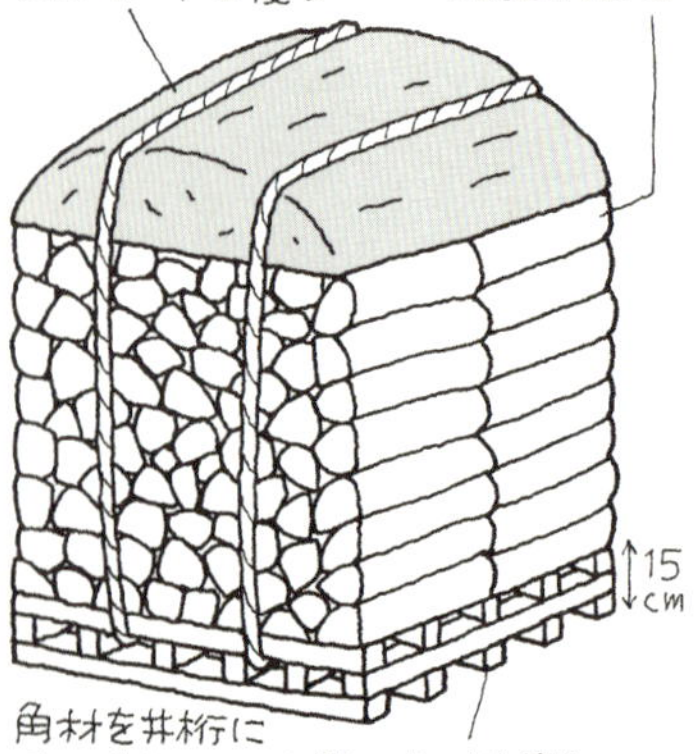
上面だけ
ブルーシートで覆う
薪は最大
縦2列まで
積んで底上げ（通気性が大事）

薪

お盆の猛暑の前に乾燥をはじめる

お盆の猛暑を過ぎてから薪を割っても乾燥が進まず、その年の冬には使えません。暑いうちに薪の内部水分を抜き去ってしまえば、あとは横殴りの雨に打たれても水分は表面近くまでにしか浸透しません。雨が上がってお天道様の日が差せば表面の濡れはすぐに乾きます

ナラはじっくりじっくり乾燥

ナラは他の広葉樹に比べて乾燥が非常に遅く、細割りでも半年以上、大割りだと１～２年以上の乾燥期間が必要です。多くの薪屋が、未乾燥のナラ薪を販売している気持ちもよくわかります。誰しも長期間の在庫を抱えたくないですから。ですが、妥協は禁物。お客様にご迷惑をおかけしてはいけません

乾燥にもっとも大事な条件は風通し。山の中の自宅近くではなく、田んぼに囲まれた場所を薪づくりの作業場にしているのも、すべては乾燥のため

目指すは「含水率」18％以下

乾燥の目的は薪の芯の「含水率」を下げること。一般に「いい薪」といわれるのは含水率20％以下。16～18％ならばベストだ。ただし、長く置けば置くほどいいというわけではなく、広葉樹も針葉樹も薪の寿命はだいたい3年。4年以上乾燥させると、薪に力がなくなって火力が出ない

morso薪含水率計　9,975円（税込）
薪ストーブ店やインターネット通販で購入でき、価格は3000～1万円程度。2つの針を薪に差し込むと含水率（%）が表示される

いろんな人に聞いてみた

薪を売るコツ

まとめ=編集部

福島県　**城戸利夫さん**（会津の与作）	新潟県　**舘脇信王丸さん**（もりもりフォレスト）	高知県　**宮崎 聖さん**（シマントモリモリ団）
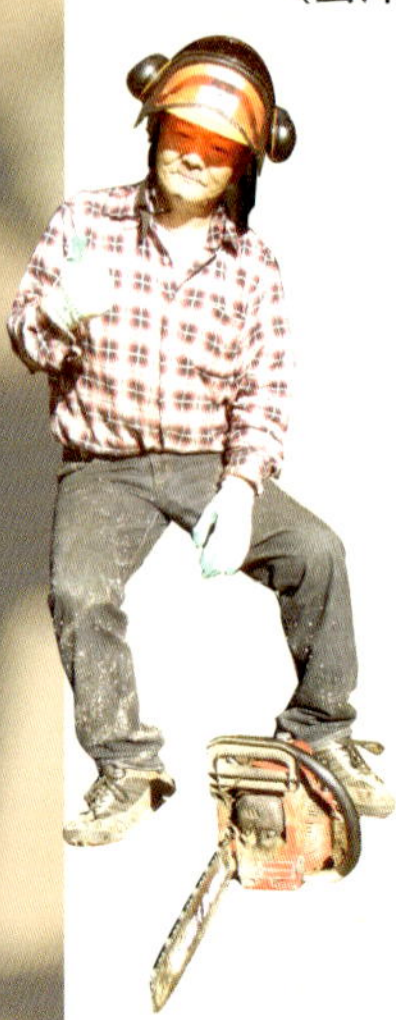 薪販売を始めたのは、経営していた土建会社が廃業し、同時期に右目の視力がほぼなくなり、就職は難しいと思ったから。山は持っていないので知人から1haの立《りゅう》木《ぼく》を購入した	薪のネット通販を行なう「もりもりフォレスト合同会社」代表 	モリモリ団のメンバー20人はほとんどがU・Iターンの若者。副業的林業の他、子どもたちに森を知ってもらうためのイベントなども企画する（10ページ） 
1万6000束	120棚（120m^3）	70m^3
コナラや広葉樹　35cmと45cmの2種　1束340〜380円	ナラ1棚26000円 サクラ1棚23000円 ホオ1棚14000円 広葉樹ミックス1棚20000円	・間伐したC材を薪にして1kg10円で販売 ・薪ボイラーを導入した温泉施設では1m^{3}7000円で買い取ってくれる
・飛び込み営業が主体 ・3社の薪ストーブ店に卸す（6000束） ・薪ストーブ店のお客さんを紹介してもらう（1万束）	インターネット販売が主体だったが、現在は県内のお客さんに宅配	温泉施設などが主体
・薪ストーブが取り上げられている雑誌や広告などから業者を探し、アポイントをとって営業する ・タウンページを見て営業したり、煙突を目印に飛び込んだりしたが、うまくいかなかった	・薪ストーブの点検や燃え方の確認、燃費のよい焚き方、煙突掃除の仕方などを宅配時にお茶を飲みながら話す ・乾燥を徹底する（18ページ）	・温暖な気候のせいか薪ストーブを置く家が少ないので、薪の需要を増やすためにハウス農家や温泉施設へ薪ボイラーを普及 ・温泉施設のボイラーは1年中需要がある

薪

	長野県　**藤原升男さん**	山梨県　**山口公徳さん** (きこり)
	 定年後、薪ストーブ会社の薪をお客さんに配り歩くアルバイトをしていた。町じゅうあちこちで薪ストーブが使われている事実に驚き、自ら薪販売を始めた	 「きこり」を経営する山口公徳さん育恵さん親子。薪づくり担当の公徳さんは、50年間山仕事一本でやってきた。60歳を過ぎたころに薪販売専門に替えた(写真=高木あつ子) **薪の直売所「きこり」** 山梨県南都留郡道志村下中山9600 TEL0554-56-7537
年間販売量	1万束	1日120束(大型連休の1日当たり)
原料と単価	マツ1束200円(2割)、ナラ1束350円(8割)を森林組合勤めの息子さんから確保	スギ1束300円 広葉樹1束350円 ナラ1束450円
主な販売方法	・勤めていた薪ストーブ会社に卸す形で宅配(約50軒) ・個人のお客さんに宅配(約20軒)	・国道沿いの薪の直売所で販売 ・冬には近隣の別荘地に宅配
販売のコツ	・新聞に広告を載せたり、煙突がある家のポストにチラシを入れたりして顧客を開拓 ・週に一度はお客さんを訪ねて使った分を補充 ・「すぐに暖まりたいときはマツ」と説明して地元に多いマツを売る	・キャンプ場で有名な土地なので夏はキャンプ用、冬はストーブ用として売る ・冬は近隣の別荘地へストーブ用の薪の宅配もする

＊舘脇さんの1棚は軽トラ1杯分でおよそ1m^{3}とみる
JAS規格の円周70cm直径22.5cmで長さ40cmの場合、約63束でおよそ1m^{3}となる

C材を地域通貨で買い取る「木の駅」が急拡大中

文＝編集部　イラスト＝河本徹朗

誰でも気軽に木を出せるしくみ

間伐材を持ち込むと、地域住民などからなる実行委員会が地域通貨で買い取ってくれ、地域の商店で買い物に利用できる。――そんな「木の駅プロジェクト（以下、木の駅）」と呼ばれる取り組みが全国各地で広がっている。

建材用（A材）や合板・集成材用（B材）に適さない曲がり木や細い木はC材と呼ばれ、間伐したスギのC材なら1t当たり3000円ほどにしかならない。これでは森林組合や業者に伐採・搬出を委託すると赤字になってしまう。

そこで地域通貨を3000円分ほど上乗せしてC材を流通させるしくみが「木の駅」だ（図）。C材がそこそこの値段で売れるなら、山から木を出せて地域も元気になる。

木の駅の主役は自伐林家や農家林家たち。国が進める「森林・林業再生プラン」の支援条件（たとえば間伐材を年間5ha以上伐採・搬出）には当てはまらない人でも、木の駅なら自分で伐採・搬出できる量で月3万～5万円ほどの稼ぎを生み出すことだって可能だ。

薪としての販売が増加

木の駅に取り組んでいる地域を24ページにまとめた。目につくのは薪販売に力を入れるところが多いことだ。

愛知県東栄町の「とうえい木の駅」。C材を積んだ軽トラが並ぶ

以前は集めたC材をチップ業者に引き取ってもらうところが多かったのだが、福島県鮫川村の「まきステーション」や山梨県道志村の「木の駅どうしプロジェクト」では村営温泉のボイラー用に薪として供給。高知県日高村の「木の駅ひだか」は、山間部に暮らす高齢者世帯の薪風呂用の薪を宅配するサービス（1世帯当たり月200kg）で用途も広がった。

薪ストーブユーザー向けの薪販売も増えている。薪なら薪割りや乾燥などの手間賃を乗せて原木の約5倍の価格で売ることも可能なので、C材の買い取り価格上乗せ分の財源確保にもつなげられる。

「山の多面的」も財源に

現在、その上乗せ分には県や市町村の補助金、企業の寄付金などを充てているところが多い。だが、どこも潤沢に資金があるわけではなく、使えそうな財源として林野庁の「森林・山村多面的機能発揮対策交付金」が注目されている（交付金については109ページ参照）。

木の駅のしくみ（例）

地域通貨による買い取り価格の上乗せ分は、県の森林環境税や自治体の間伐助成金、企業の寄付金などで充当。薪販売で独自財源を確保する動きもある
行政・企業など
現金
伐採・搬出・玉切りしたC材を土場に持ち込むと、事務局から1t当たり6000円ほどの地域通貨（モリ券）がもらえる
木の駅
事務局
チップ工場
など
現金
木の駅
土場*
モリ券
自伐林家
農家林家
土場のC材は事務局がチップ加工業者などに販売（1t当たり3000円程度）。最近は薪販売も増加
現金
モリ券
モリ券
GAS
○○商店
加盟店
地域通貨は地元の飲食店やガソリンスタンドなど、加盟店で使える
加盟店は地域通貨を事務局に持っていけば現金に換金できる

丸太券
1マルタ
こだま商品券
¥1,000
里山
ONE SATOYAMA TICKET
杉小判
壱両

各地の地域通貨（モリ券）

＊土場（どば）
切り出した材木を一時的に集めておくところ。チップや燃料などの需要が高まり、C材の消費が増えてきたことによって土場も増えている。

木の駅全国マップ

2013年に全国で40カ所以上だった木の駅は、2017年時点で倍増して80カ所あるとみられる。
東日本大震災でエネルギー自給への関心が高まったほか、
身近にある自然（山の木）が地元の人たちに求められていることがわかってきて、
山も町も参加者のフトコロも元気になって、おもしろくなってきたからだろう。

1	**北海道**	下川町	林地残材買い取り制度
2	**青森県**	中川町	なかがわ木の駅
3	**岩手県**	遠野市	薪の駅プロジェクト
4	**秋田県**	能代市	二ツ井宝のやまプロジェクト
		藤里町	木の駅ふじさと
		由利本荘市	由利本荘木のプール
5	**山形県**	白鷹町	しらたか木の駅プロジェクト
		最上町	最上地産地消エネルギー
		最上町	最上薪ステーション
6	**福島県**	鮫川村	まきステーション
7	**埼玉県**	秩父市	ちちぶ木の駅プロジェクト
8	**茨城県**	常陸大宮市	木の駅プロジェクト美和
9	**栃木県**	那珂川町	木の駅プロジェクトなかがわ
		烏山町	那須烏山市木の駅プロジェクト
		矢板市	矢板市木の駅プロジェクト
10	**千葉県**	山武市	さんむ木の駅プロジェクト
11	**山梨県**	道志村	木の駅どうしプロジェクト
12	**長野県**	辰野町	信州木の駅プロジェクト
		阿智村	眞木の駅プロジェクト
		根羽村	木の駅ねばりん

木の駅

13	石川県	能登町	能登町里山「木の駅」
14	富山県	氷見市	ひみ森の番屋
15	福井県	池田町	いけだ木の駅プロジェクト
		坂井市	山の市場さかい
		越前町	丹生山の市場
		福井市	木ごころ山の市場
		勝山市	九頭竜山の市場
		大野市	九頭竜山の市場
16	愛知県	豊田市	旭木の駅
		東栄町	とうえい木の駅
		新城市	秋葉道木の駅
		岡崎市	額田木の駅プロジェクト
17	静岡県	川根村	木の駅かわね
18	岐阜県	恵那市	笠周木の駅
		恵那市	やまおか木の駅
		恵那市	くしはら木の駅
		恵那市	恵那西木の駅
		郡上市	めいほう里山もくもく市場
		郡上市	高鷲町木の駅プロジェクト
		郡上市	口明方木の駅
		関市	木の駅 IN つぼがわ
		関市	木の駅 IN いたどりがわ
		高山市	高山市木の駅プロジェクト
		中津川市	つけち木の駅プロジェクト
		大垣市	木の駅上石津
19	三重県	津市	木の駅白山
		津市	木の駅美杉木材市場
		松阪市	森林活（もりかつ）プロジェクト
		大台町	宮川木の駅プロジェクト
		多気町	多気町木質バイオマス地域集材制度
		伊賀市・名張市	伊賀地域木質バイオマス利用推進協議会
		いなべ市	木の駅いなべ
20	滋賀県	甲賀市	甲賀木の駅プロジェクト
		高島市	くつき木の駅プロジェクト
		米原市	木の駅いぶき
21	奈良県	吉野	よしの木の駅プロジェクト
22	京都府	京丹後市	京丹後木の駅プロジェクト
		与謝野町	よさの三四の森の会
23	兵庫県	篠山市	丹波篠山木の駅プロジェクト
		丹波市	丹波市木の駅プロジェクト
		香美町	森のステーション美方
24	岡山県	美作市	鬼の搬出プロジェクト
		津山市	エコビレッジ阿波木の駅プロジェクト
25	広島県	庄原市	東城木の駅プロジェクト
26	鳥取県	智頭町	智頭町木の宿場
27	島根県	奥出雲町	奥出雲町オロチの深山きこりプロジェクト
		雲南市	うんなん木の駅プロジェクト
		邑南町	林地残材搬出支援実験事業
		吉賀町	吉賀町木の駅プロジェクト
		津和野町	「山の宝でもう一杯」プロジェクト
		飯南町	「い～にゃん森の恵」林活プロジェクト
28	愛媛県	松野町	森の国まきステーション
29	高知県	土佐町	さめうら水源の森木の駅プロジェクト
		日高村	木の駅ひだか
30	福岡県	糸島市	糸島木の駅伊都山燦
31	長崎県	諫早市	木の駅たかき
32	熊本県	五木村	木の駅五木
		小国町	小国木の駅プロジェクト
		八代市	木の駅やっちろゴロタン
		大津町	おおづ木の駅

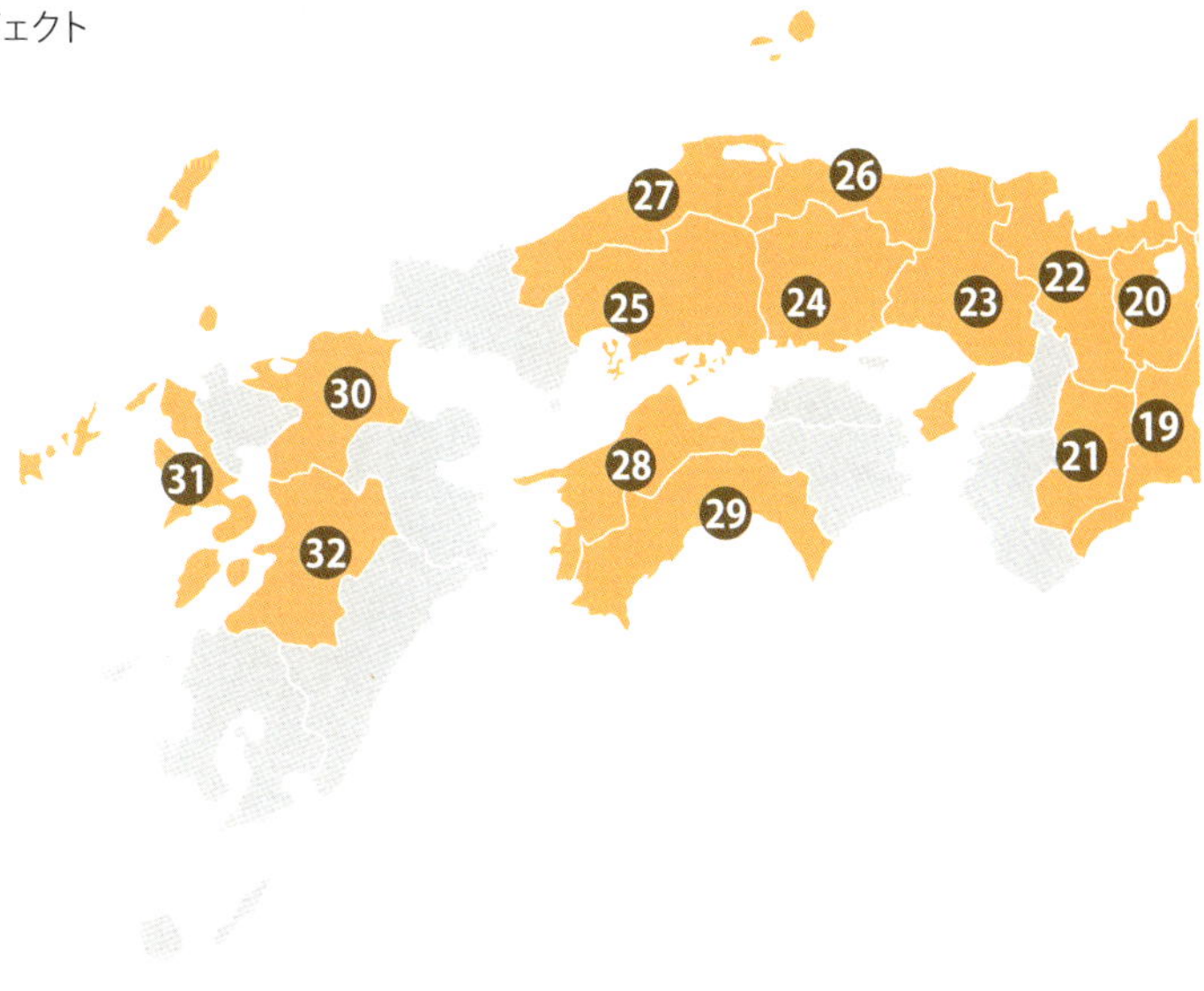

この地図は「木の駅プロジェクトポータルサイト」（http//kinoeki.org/）などを参考に編集部が作成した2017年6月時点のものです。木の駅だけでなく、薪販売のための取り組みも含めている。「うちの地域でもやってるよ」というところがあれば、info@kinoeki.org（兄弟木の駅会議事務局・丹羽）までご連絡ください

木質バイオマス発電所で需要急上昇

まちなかの発電所が1人ひと月5万～6万円の稼ぎを生み出す

宮城県気仙沼市・気仙沼地域エネルギー開発㈱

文＝編集部　写真＝村上昭浩

C材が燃料に

雪がチラチラと舞う冬空のもと、和気あいあいと間伐作業を続けるのは「八瀬《やっせ》・森の救援隊」（以下、救援隊）の面々。２０１４年秋、八瀬地区の有志10人で結成したばかりの自伐林家グループだ。目下手入れをしているのは30haほどある地区の部分林（分収林）。50年ほど前に植林してから1回も間伐されていないヒョロヒョロのスギがおカネになるのだ。

C材（低質材）でもおカネになるのは、２０１４年春、地元・気仙沼市に稼働した木質バイオマス発電所の燃料になるからだ。玉切りして軽トラに載せて、毎週水曜と月２回の日曜の買い取り日に貯木場に持っていけば、１t当たり６０００円（うち３０００円分は市内の店で使える地域通貨「リネリア」）になる。

この２月はみんなでがんばって約80t出したので、50万円ほどが救援隊の口座に入ったようだ。それを作業に出た日数や軽トラのガソリン代などで計算してメンバーに分配する。

「市からt当たり７５０円の搬出助成金も入るので、合わせりゃ１人月５万～６万円ほどの稼ぎになるがんねぇ。年金暮らしの身には張り合いになるってもんよ」

800kWの木質バイオマス発電用のC材（低質材）を伐採・搬出する定年おやじの自伐林家グループ「八瀬・森の救援隊」。左から吉田輝久男さん（66歳）、代表の吉田實さん（68歳）、吉田慶喜さん（66歳）

ガソリンスタンド屋が始めた小さな発電

これらの動きはすべて、2014年4月に稼働した木質バイオマス発電所・リアスの森バイオマスパワープラント（以下「リアスの森BPP」）がきっかけになっている。気仙沼港の間近に建てられた発電プラントは、コンパクトサイズながらも「まちなかの発電所」といった感じでとってもよく目立つ。

最大出力は800kWと、非常に小規模。世間で話題になっている木質バイオマス発電所たちは、いずれも1万、2万kWの出力なので、比較にならない規模だ。それでも燃料として使う材は年間8000tほど。地元の未利用材（間伐材）をチップに加工し、ガス化してから発電する方式だ。発電量は一般家庭1670世帯分で、年間を通して電力会社に売電する。

運営しているのは、気仙沼地域エネルギー開発㈱。ガス販売やガソリンスタンド経営が主力の地元企業・気仙沼商会が母体となって2012

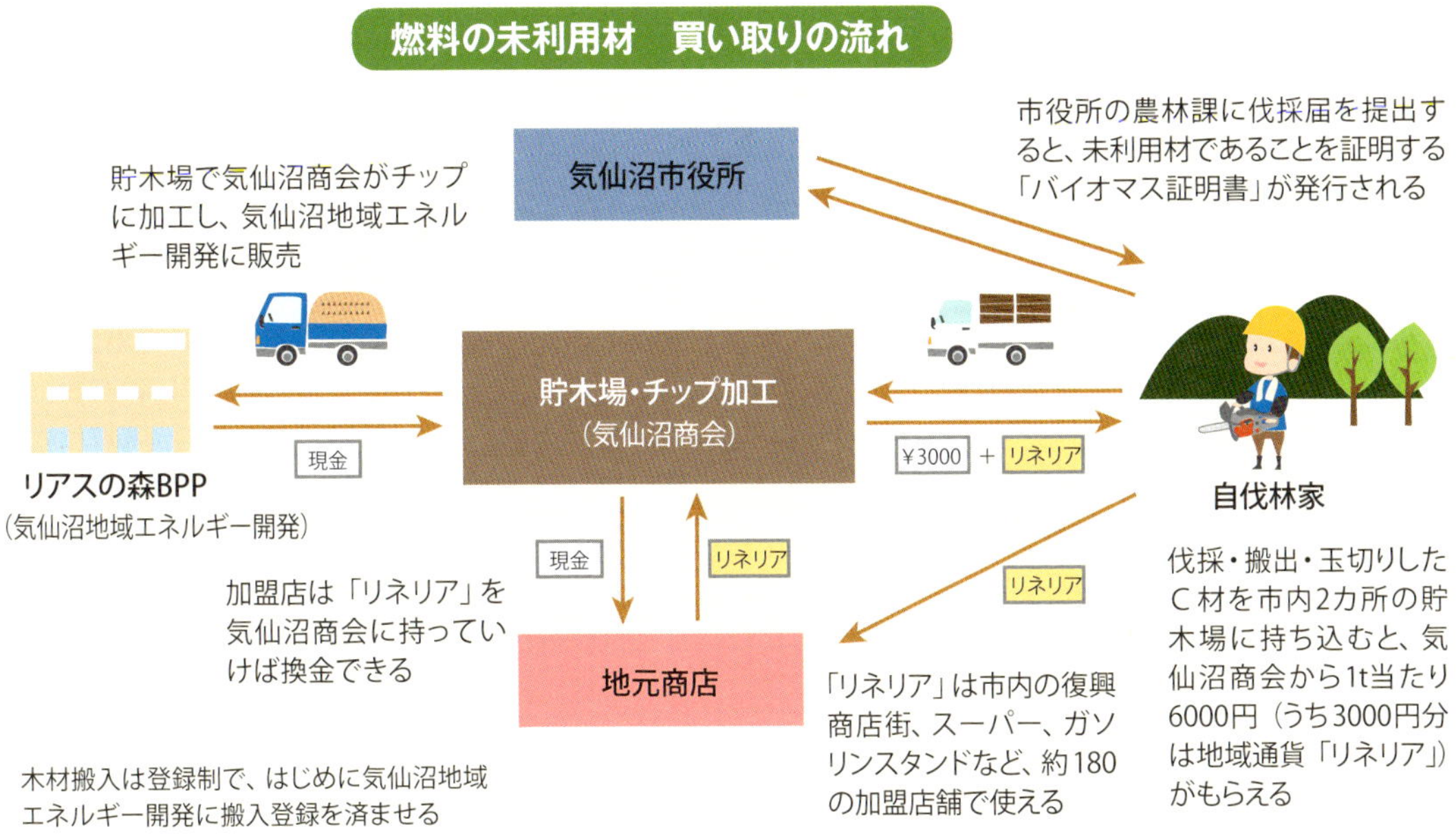
燃料の未利用材　買い取りの流れ
気仙沼市役所
市役所の農林課に伐採届を提出すると、未利用材であることを証明する「バイオマス証明書」が発行される
貯木場で気仙沼商会がチップに加工し、気仙沼地域エネルギー開発に販売
貯木場・チップ加工
（気仙沼商会）
リアスの森BPP
（気仙沼地域エネルギー開発）
現金
¥3000 + リネリア
自伐林家
伐採・搬出・玉切りしたC材を市内2カ所の貯木場に持ち込むと、気仙沼商会から1t当たり6000円（うち3000円分は地域通貨「リネリア」）がもらえる
現金
リネリア
加盟店は「リネリア」を気仙沼商会に持っていけば換金できる
地元商店
リネリア
「リネリア」は市内の復興商店街、スーパー、ガソリンスタンドなど、約180の加盟店舗で使える
木材搬入は登録制で、はじめに気仙沼地域エネルギー開発に搬入登録を済ませる

RENERIA
1000

地域通貨の「リネリア」

まちなかの発電所「リアスの森BPP」。800kWの小規模でやっていけるのは熱電併給で地元のホテルに売熱もしているから

貯木場から発電所にチップを運び込んでいるところ

受け入れ可能な未利用材の規格

- 樹種は問わない
- 末口径10cm以上の丸太
- 可能な限り2m、4m、6mにそろえる
- 2m以下の短尺材でもＯＫ
- 建設廃材は対象外

年2月に新しく設立した会社だ。

「化石燃料屋が木質バイオマス発電所って変な組み合わせでしょ（笑）」と言うのは、両会社の代表取締役社長を務める高橋正樹さん（51歳）。東日本大震災で被災した市の復興計画策定委員会の座長をしていた当時、「これからは地産地消エネルギーで森林再生」という話の流れで、総務省の「緑の分権改革」調査事業を任されたのがきっかけだった。

山をあきらめていない人は案外いる

2012年7月、地元の山主の協力がどのくらい得られるのかを調べるため、アンケート調査を実施した。

回答者の7割以上が60代。ちょうど親から山を引き継いだくらいの年代の人たちだ。そのうち6割が山持ちで、なんと4割が自伐もしくは森林組合などに施業委託して山の手入れをしていることがわかった。

なかには「山仕事の経験はないが、教えてもらえるなら自分で木を切ってみたい」「持ち山も技術もないが、間伐のボランティアに興味がある」といった回答もあり、高橋さんは「こういう人たちを組み合わせればうまく材が集まるかもしれない」と手応えを感じた。

足元の山から積み上げた適正規模

高橋さんは大きい発電所をつくろうとは思わなかった。

「発電所は規模が大きいほど、地産地消からかけ離れ、やがては近隣の発電所と燃料の奪い合いになってしまう。それでは持続可能なエネルギーとはいえないですよ。地元の自伐林家を育てるなら小さい発電所のほうがいい」

調べたところ、毎年1万5000tほどの間伐なら、この先20年切り続けても地域の山をハゲ山にすることなく回していけることがわかった。集材範囲も半径25㎞圏内、市内限定でだいたい調達できる。

こうした計算から高橋さんは、1万5000tの5~6割を集材の目標に設定。年間8000tほどの燃料で動かせる出力800kWの発電所をつくることにした。

「自伐林家養成塾」も開く

発電所の建設とともに、高橋さんが力を注いできたのが「自伐林家養成塾」だ。2012年秋に始まった講座は、その後も毎年開催しており、毎回20人ほどが参加する盛況ぶり。チェンソー講習や、軽架線《けいかせん》を使った集材・搬出、バックホーでの作業道づくりなど、毎年秋に計8回の研修会を行なった。

「山の手入れをしなくなれば、林業の技術もやがて廃れてしまいます。自伐林家を育てることは技術の継承なんですよ。大型の林業機械がなくても、チェンソーと軽トラさえあれば誰だってできる。そうした実感がわけば山に入る人はもっともっと増えると思います」

最初は燃料用のC材の搬出から始まったとしても、いずれは間伐して木を建材として高く売るような自伐林家も育っていってほしい。木質バイオマス発電が林業再生、山の再生にまで結びつくことを高橋さんは構想している。

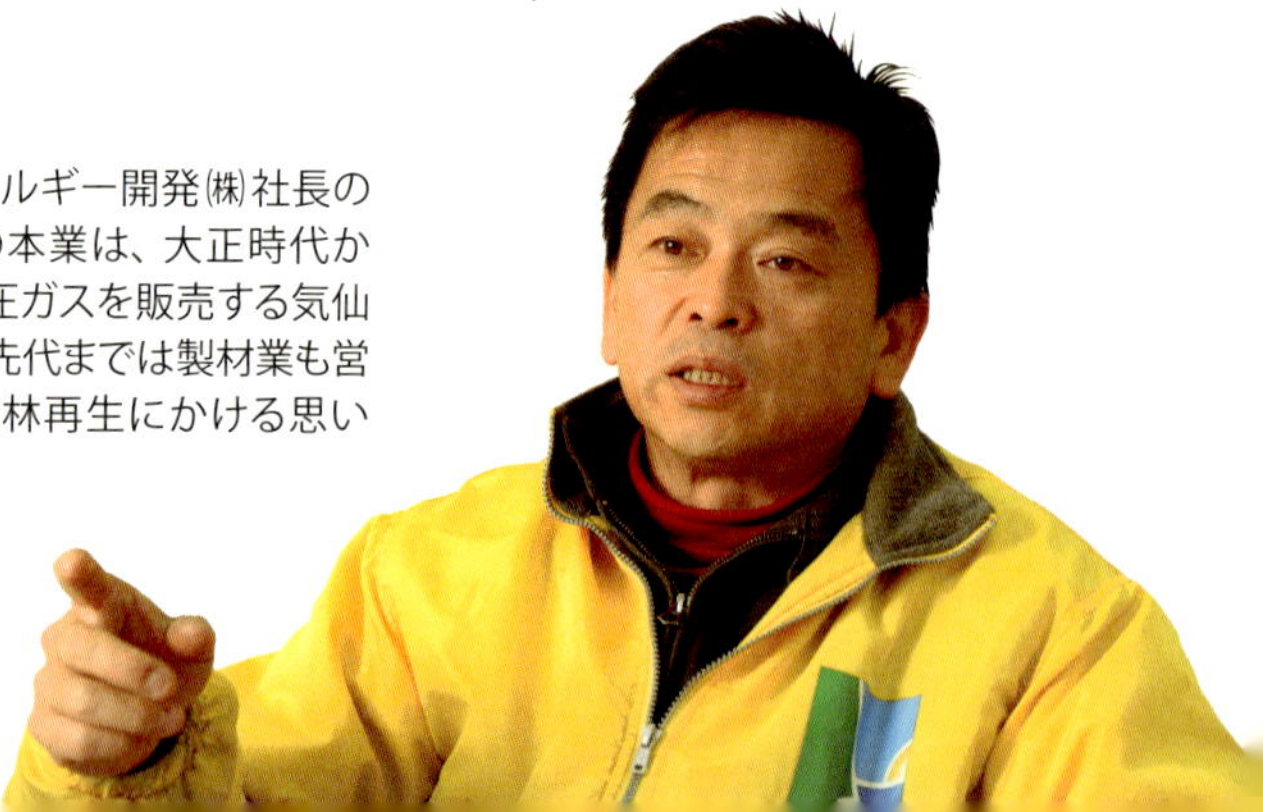

気仙沼地域エネルギー開発㈱社長の高橋正樹さんの本業は、大正時代から続く石油や高圧ガスを販売する気仙沼商会の社長。先代までは製材業も営んでいたので森林再生にかける思いは熱い

木質バイオマス発電所計画　全国マップ

2012年7月のFIT（固定価格買取制度）開始以降、5000～1万kW規模の発電所の建設計画が急増。
その多くは、燃料として売電単価がもっとも高くなる未利用材（間伐材）を予定しているが、
本当に安定供給できるのだろうか。

FIT以降に稼働または計画が発表された木質バイオマス発電所は80件以上。
農林中金総合研究所の安藤範親さんの試算では、これらがすべて稼働すると、少なくとも全国で427万tの未利用材需要が発生し、中部、四国、九州地方で未利用材が不足する見込みがある

（出典）安藤範親「未利用材の供給不足が懸念される木質バイオマス発電」（『農林金融』2014年6月号）を参考に、2017年現在の情報を編集部で加えて作成した

短木も小径木も意外に売れる

1日1万5000円になる軽トラ林業
——森林組合がラミナ用材を買い取る

文・写真＝佐藤尚寿《たかひさ》（山形県鶴岡市）

左が筆者。実家では5haの米づくり、冬場は酒蔵で杜氏の仕事もしている

2009年、私が32歳の時に酒田市の米農家から鶴岡市の林家に婿入りし、農業と林業を両立することになりました。

2011年のある日、義父から地元の温海《あつみ》町森林組合で「サラリーマン林太郎」という講習会があることを知らされ、一緒に行ってみました。そこで「軽トラ林業」というものを初めて知りました。

軽トラ林業とは、軽トラックとチェンソーさえあれば始められる小さい林家向けの林業で、2mに切ったスギを温海町森林組合が独自で買い取ってくれます。スギ材は森林組合の工場でラミナ*に加工され、新潟県の集成材工場へ出荷されます。

わが家では経営の主体である苗木生産に使わない山は、それまでは間伐しても搬出していなかったので、さっそく挑戦です。

木は6月上旬に間伐。ただ切り倒しておくだけで葉から水分が蒸散して乾燥します。

山から木を運び出すのは、乾燥が進んだ9月を過ぎてから。枝を落として、私が2mの寸法を測り、義父がチェンソーで切り、2人で軽トラに積む、という要領で仕事を進めました。軽トラいっぱいに積んで森林組合へと運ぶと1回5000円前後、3回往復したので1日で1万5000円くらいになりました。

1本ごとの価格設定（下表を参照）で初心者にもわかりやすく、その場で現金がもらえるので、がぜんヤル気が出ます。

普通なら間伐した木はそのまま山に倒しっぱなしにしておきますが、少しの手間でいいおこづかい稼ぎになりました。ただ、お金は妻に渡したきり行方知れずです。

軽トラ林業の買い取り価格

末口径	14cm	16cm	18cm	20cm	22cm	24cm	26cm
1本単価	150円	200円	450円	560円	670円	800円	1000円

買い取りは2mのスギ材のみ（76ページ表も参照）

＊ラミナ
挽き板と呼ばれる厚さ2〜3cmの板で、接着剤でつなぎ固められて集成材に使われる（集成材については65ページ参照）。

道ばた集荷で1$m^3$8000円

――円柱用小径木を買い取る森林組合

福井市高田町・八杉健治さん

文＝編集部　写真＝尾﨑たまき

10軒の自伐林家がいる集落

旧美山町高田集落には自伐林家が10軒もいるそうだ。全部で28軒のうち山持ちが24軒。そのうち10軒が自分でチェンソーを持ち、間伐したり枝打ちしたりする。規模はほとんどが小さい。勤めや年金にプラスアルファといった程度だが、土日ともなれば、高田の山ではあちこちでチェンソーの音が響き合う。

動きの中心になっているのが八杉健治さん。自身も高田に約20haの山を持ち、自伐する。県の指導林業士の仕事もあって、しょっちゅうあちこち呼ばれて忙しいが、昨年度まで勤めていた森林組合を定年退職したので、これからは自分の山の間伐も年に3haくらいはやれそうだ。

道ばたまで集荷 1$m^3$8000円

一番最近の植林は1985年頃からで、山の上のほうまで道をつけながら一斉にやった。おかげで高田では今、間伐しなければならない山にはまあまあ道がついている（本当はもっとつけたい）。切った材はこの作業道のところまで運んで、道ばたに積んでおけばいい。あとは森林組合が4tトラックで集荷していってくれる。1$m^3$8000円。曲がった材でなければ、太くても細くても、引き取りに来てくれてこの価格。悪くない値段ではなかろうか（曲がった材は半額）。

道まで木を出せばいいだけなので、ここの自伐林家には大きいトラック

直径6～20㎝の小径木が1$m^3$8000円に

切った材は葉枯らしして軽くし、3m、4m、6mの規格に合わせて造材したら、こんなふうに道ばたに積んでおく。森林組合に電話すると月内には取りに来て、翌月精算となる。組合では、集荷してから円柱加工用・集成材用・パルプチップ用などに分ける。いいものは市場で売ることもある。ちなみに林家のほうも、高値がつくはずの80年生以上の大径木を切ったときなどは、森林組合には販売せず、市場に出して売る（運搬などは森林組合に委託する）

も林内作業車も必要ない。あるのはポータブルウインチが全部で4台、バックホーが3台、ユニックが1台、といった程度。それぞれ2人くらいで共有している機械で、チェンソーとトビしかない人もいる。本当に大変な斜面ではレッカー車をレンタルすることもあるが、何百万、何千万もする高性能林業機械とは無縁でも、やっていける林業があるということだ。

円柱の材料に必要な小径木

美山町森林組合がこんな「道ばた集荷」を本格化させたのは1995年頃のこと。組合内に建てた円柱加工場の材料を集めるためだった。材を円筒形の規格品に加工すると、公園資材や土木資材、木柵、ログ材、治山ダムほか、いろいろな用途が生まれる。公共工事で大量発注される円柱で、森林組合の経営がかかった一大事業。この円柱加工の材料に、直径6~20㎝の小径木がどうしても必要になったのだ。

小径木をお金に変える加工機

シェールプロフィ500ディスク型（ドイツ製）高さ2.1m、幅1m

簡易杭製造機

直径24cmまでの丸太を回転刃に押し当て、皮はぎから先端削り、面取りまでして杭に加工する機械。トラクタに付けて使うので林内に持ち込める。

新潟県上越市の頸北《けいほく》林業研究会では、メンバーの持ち山などの間伐材を活用するため、2013年、市の補助で中古品（80万円）を購入。製造した杭は規格が揃うので使い勝手がいい。獣害対策用の柵や造園用の垣根、雪囲い用の柱材に使っている。樹皮は堆肥に再利用。

丸棒加工機

丸太を4つある回転刃に通し、直径6～12cmの丸棒をつくる。1分間に6～8mを加工できる。

この機械は福島県いわき市の農家林家、田子英司さんが1989年に静岡県の製作所から購入したもの。当時800万円以上したが、天候に関係なくできる作業なので重宝してきた。周りの小さい林家から出荷しない丸太を1本100円ほどで買い取って丸棒加工し、防腐剤処理をして350円で販売。市内の造園・土木業者から年間2万本の需要があった。

高さ1.5m、長さ2.5m

だがそんな細い材は、じつはなかなか入手できない。間伐をする事業者が「出すだけ損」とその場に切り捨ててしまうので、本当はたくさんあるのに山から出てこない代物なのだ。森林組合自身の施業分から出る材だけでは足りず、市場で買おうにもまず見かけない。困り果てた森林組合で当時、この円柱加工場の担当だったのが八杉さんだったのだ。仕方なく、自分の山の木を切って出したりしているうちに、ふとこの道ばた集荷のしくみを思いついた。山持ちの小さい林家に自分で切るだけ切ってもらって、そこまで取りに行きさえすれば、小径木はいくらでも手に入るのじゃなかろうか。それにそうやって、どんな木でも気軽に売れるとなれば、山に入る山主も増えるかもしれない。いまどき人に頼んで切ってもらうんじゃ合わないけど、自分で切れるなら切りたいという人もいるに違いない……。そんな背景があってのことだった。

きこりのろうそく

大 1500 円　小 1000 円

文＝編集部　写真＝高木あつ子

山梨県道志村の薪の直売所「きこり」（21ページ）で発見したお宝は、いまキャンプ愛好家の間で密かなブームの「きこりのろうそく」。直径20㎝、長さ40㎝ほどに玉切りされたアカマツやコナラの丸太は、十字に切り込みが入れられ、中心に竹の棒が刺してある。ポップには大1500円、小1000円と強気な値段。はて、これがろうそくなのか？

「おう、きこりのろうそくを知らんのか。北欧のきこりがアウトドアクッキングに使ったんよ。よし、ひとつ燃やすか。２時間は燃えるぞ」。声の主は、店主の山口公徳さん（71歳）、この道50年の専業林家である。

やがて辺りが薄暗くなったころ、十字の切り込みの中心から固形燃料を竹の棒で押し込んで点火。ここを火床に切り込みから空気が入り込んで、５分と経たずに30㎝ほどの炎が立ち上がった。暗闇にゆらめく炎は、なるほど大きなろうそくのよう。

途中で上下をひっくり返せば全部燃える。

菊池林業・菊池俊一郎さん。所有機械はチェンソーと、1989年に買って20年以上使っている林内作業車のみと、最小投資。道つくりに必要なバックホーは「年間150日以上稼働しないなら重機は元がとれない」と考えて、使うときだけレンタルする。大型トラックも持たず、出荷の際の配送は森林組合に頼む

人に任せると1m³100円、自分で切れば3100円

愛媛県西予《せいよ》市・菊池俊一郎さん

文＝編集部　写真＝大村嘉正

「皆さん、口を揃えて『林業は儲からない』といいますが、それはウソです」

明快に言ってのけるのは、愛媛県の若手自伐林家・菊池俊一郎さん（42歳）。

「だって今の山は、あるもの切って出すだけですもん。うちの場合だって、山を買ったのは祖父やオヤジ。苗代払って植えたのも、下刈りとかの手入れをしたのも先代たちで、僕の代はもう育ったもんを切って売るだけ。何の投資もなしで、回収するだけですもん。普通に考えたって赤字になりようがない」

今の時代、自伐林家は儲かるようにできているのだという。

「1日3万円」を目安に山に入る

何せ菊池さんは、補助金をいっさいもらわずに経営を成り立たせてきた人だ。説得力がある。

ミカン2haと山28haの農家林家で、売り上げはミカンのほうが多いのだが、気持ちとしては山がメイン。ミカンは両親も一緒に家族でやるが、林業のほうは菊池さん1人でまわす。切るのも出すのも1人作業。

実際に木を切るのはミカンの繁忙期以外の夏〜秋が中心だが、「山に入るなら、1日売り上げ3万円は確保する」という明確な目標を持って作業に当たる。1日3万円とは、経費を引いた所得でいうと1日1万2000円見当だそうだ。とて

つもなく高い目標に思えるが、「そんなことないです。慣れてくれば誰でも可能な額」とのこと。ポイントはどうやら、「何でも自分でやる」ということと、「造材の技」の2つのようだ（造材については96ページ参照）。

何でも自分でやる
——自伐だから儲けが残る

「林業は儲からない」と言う人に対して、菊池さんが自作した左の図がある。「木を切って市場で売るまでに経費はいくらかかるか？」を見たものだが、人に施業を委託するか自分でやるかで手取りがまるで違ってくることが読み取れる。スギの場合で見ると、人件費を外に払ってしまうと残る木材代はたった100円／m^3。だが自分で切って搬出すれば3100円／m^3残ることになる。

単純なことだ。最大のコストアップは人に頼むことで、逆に最大のコストダウンは何でも自分でやること。林業ではなぜか伐出を人に頼む習慣がついている人が多いのだが、「自分でチェンソー持って、少しずつでもやってみればいいのに」と菊池さんは思う。

「そりゃ、オヤジたちの時代みたいに『ヒノキ1$m^3$5万円』なんてことは今はないけど、自伐なら黒字経営は可能です。材価は下がってますが、やれない金額ではないですもん」

菊池さんは木を切って出すのはもちろん、道も自分でつける。機械のメンテも経理も事務も自分1人で全部こなす。データ分析が好きなので、市場の材価や日々の売り上げを記録して、作業や経営を見直すのもやる。森林経営計画は立てていないが、施業計画は以前、自分のために自分で立てた。持ち山の状況を把握でき、今後の見通しがたって、ものすごくおもしろかった。おかげで補助金は申請しなくても、やっていけている。

ちなみに補助金は、もらってもいいとは思うのだが、今のところわずらわしい。せっかくゆったり「5年かけて少しずつ間伐しよう」と計画を立てている山に、「1年で3割の間伐をしろ」「一気に10m^3搬出しろ」などの条件がつくと台無しだ。急激な変化を山は好まないと思う。

自伐で所得1日1万2000円。これを確保できれば、自分の経営としては十分まわるというのが菊池さんの判断だ。「1万2000円って、ちょっと前の景気がよかったころの森林組合労務班の日当くらいなんですよ。同じような仕事してそのくらいとれないようなら森林組合に勤めたほうがいいことになっちゃうからって、自分で決めた目安の額です」

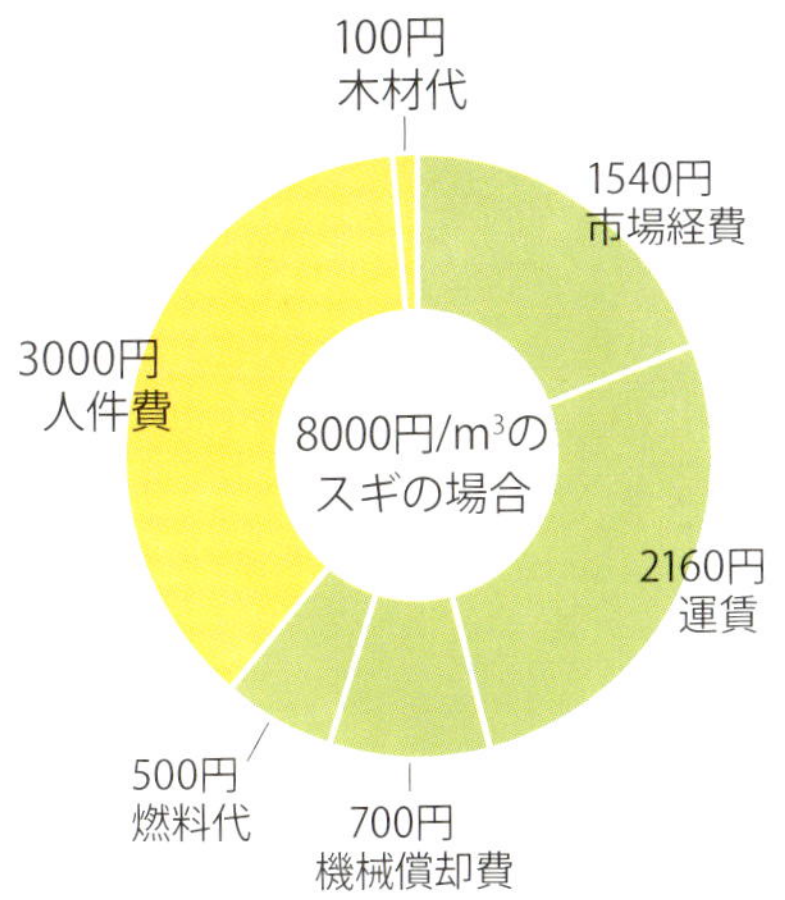

図　伐出経費の内訳

市場経費・運賃・機械償却費・燃料代は、どうしてもかかる費用。さらに伐出を森林組合などに委託すると人件費もかかり、残りは100円/m^3ということになってしまう。だが、自分で木を切って自分で出せば（自伐）、3100円/m^3が自分に入る。菊池さんの目安とする1万2000円/日の所得のためには、自伐なら、スギで4m^3/日を目標に仕事をすればいいことになる。ただしこれは山が自己所有の場合。他人の所有林を借りて木を切る場合は借り上げ料が経費に加わる

リスのつくったエビフライ

540円

文＝編集部　写真＝高木あつ子
信州樵工房のホームページ
http://www.kikori.net/

写真は、信州樵《きこり》工房の熊崎一也さんが見せてくれた宝物だ。
奥に写っているのはドイツトウヒという木の松ぼっくり（毬果《きゅうか》）。あまりに立派で驚いたのだが、手前はそのなれの果て。作者はリス。松ぼっくりのヒダヒダの中にあるタネが食べたくて端からきれいにかじっていったら、こんなに見事なエビフライが出来上がったようなのだ。

熊崎さんは林業家だが、最近は山で拾ったものを売ることにも凝っている。松ぼっくりや形のいい小枝を探して歩いていると、たまに切り株の上でリスがエビフライをつくっているのを見かけることもあるという。「規模拡大にひたすら追われる林業より、『小さい経営』のほうが、こういういろんなことができて楽しいんです」と言って、最近流行りの高性能林業機械などは買わず、「小さい林業」を大事にしている人だ（82ページ）。

Part 2

チェンソーを使いこなす編

装備とチェンソーの選び方

新潟県三条市・舘脇《たてわき》信王丸《のぶおうまる》さん

取材＝鳴谷幸彦　写真＝倉持正実

チェンソーで丸太を
玉切りしているところ

わぁ、豪快！
チェンソーってあこがれるなぁ。
早く俺もチェンソーを上手に
使えるようになって、
間伐とか薪作りとかに
挑戦してみたい！
薪販売をしている
舘脇さん（14、18ページ）に、
チェンソー術を
教えてもらおうっと。

こんにちは。
舘脇信王丸です。
大きなオガクズを
飛び散らせながら、
バーッとチェンソーが下がっていく、
あの切れ味を体感しちゃうと、
もうチェンソーのとりこ。
仕事がおもしろくて仕方なく
なるはずですよ

チェン太郎

くまごろう

小さい林業を目指す金太郎の子孫。
チェンソー初心者

便利だけど、危険な道具

出鼻をくじくようですが、チェンソーはとっても危険な道具であることを忘れないでくださいね。

じつは私、運動神経は悪いですし、のみ込みは遅いほうなんです。だからチェンソーでも何度も失敗して危険な目にもたくさん遭ってきたんです。そのたびに基本に戻っては、試行錯誤を繰り返して、今の形があります。

皆さんも、パソコンや書類に向かうことも多いですよね。指にトゲ一本刺さっても仕事にならなくなるし、指を切って書類を血で汚しても困る。ましてや足や腕を切ったら、山仕事どころか本業のほうも一発でできなくなります。

個人の運動神経やセンスに頼らなくてもうまくいくチェンソーの使い方を、紹介していこうと思います。ケガをしないことが長続きのコツですよ。

安全に作業するための防護具

オレンジ色は山の中で目立つため。チェンソーを持って作業している人がどこにいるのか見つけやすいように。安全を考えるなら、チェンソーを使うあらゆる作業で着たほうがいい。夏でも下だけは履いたほうがいいし、最低でもチャップス（ズボンの上から脚部の前面だけを防護する前掛けのようなもの）くらいは用意したい

耐切創《たいせっそう》パンツ
チェンソー専用のパンツ。万一のときに切れない素材じゃなくて、切らせる素材でできている。中に特殊な繊維が入っていて、切れると中の繊維が飛び出して、チェーンを回転させる歯車に絡まり機械を止めてくれる

チェンソーの選び方

信王丸さん愛用の3台

チェンソーは用途に応じて排気量で選ぶ。薪作りには40cc台半ばくらいがちょうどいいかと思う。スギだけなら30cc台でも問題ないが、果樹や雑木も切るとなると、やっぱり40cc台がおすすめ。バーの長さは気にしないで、排気量に応じてついてくるものを使うので十分。同じ排気量でもプロ用の高いものと、安いものとがある。違いは耐久性と軽さ。高くてもプロ用のほうが部品も手に入りやすく、断然長く使える。いい機種を使えば上達も早い

エンジン始動のコツ

始動前の点検ポイント

ガイドバーのガタツキを直す

木に当たったときの状態を再現してガイドバーを体側に引きつけ、ボルトを①→②の順番で締める（①が支点になるので）

チェーンオイルと燃料は十分か（混合ガソリン）

どちらも十分に補充する。オイルタンクと燃料タンクのキャップを両方同時に開けると間違いやすいので、一つずつ順番に行なう

チェーンの張りをチェック

ガイドバーの先端部に歯車がついている「スプロケットノーズバー」のチェーンは写真のように引っ張ってもバーとチェーンの間に隙間ができないのが理想。先端に歯車がない「ハードノーズバー」のチェーンの張りはもっと緩くする（隙間3mm程度）

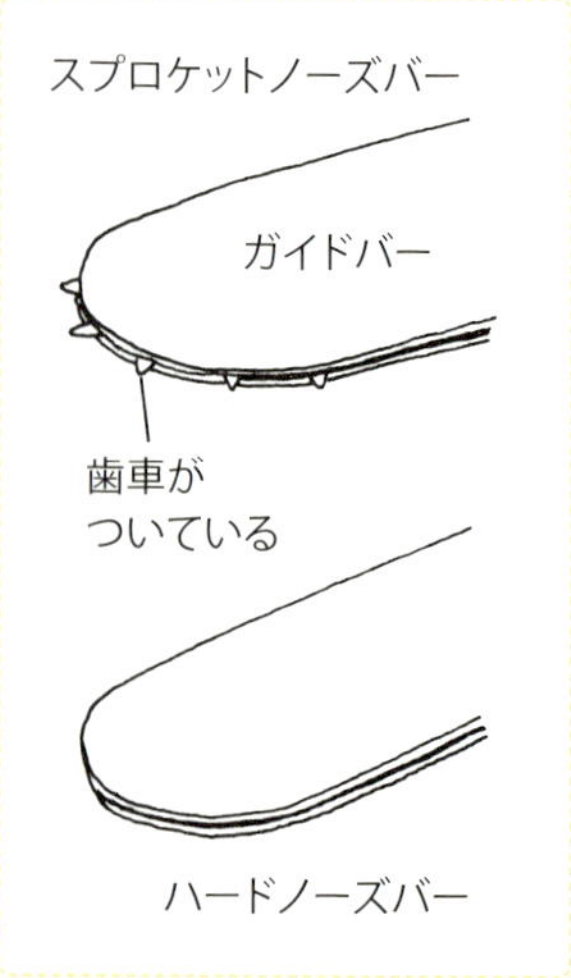

その前に点検と調整を

格好がバッチリ決まったところで、さっそくチェンソーのエンジンスタート！　といきたいところですが、エンジンをかける前に、必ずチェンソーの点検をしてください。何度も言いますが、チェンソーは危険な道具です。壊れて怪我をしてからでは遅いですから。安全のためはもちろん、効率のいい仕事のためにも習慣にしてください！

ポイントは大きく分けて3つ。

①チェーンオイルと燃料は十分か
②ガイドバーのガタツキを直す
③チェーンの張りをチェック

点検と調整ができたら、周囲の安全を確認して、さあエンジンをかけてみましょう。

チェンソー始動（コールドスタート）の手順

いつも初動はこのやり方。
いきなりスターターロープを
引っ張ってもかからない！

❶ チェーンブレーキをかける

ブレーキレバーを前方に「カチッ」というまで倒す。写真のようにハンドルを握ったまま手首で押してかけられるようにしておくと、不意の転倒でもブレーキが使える

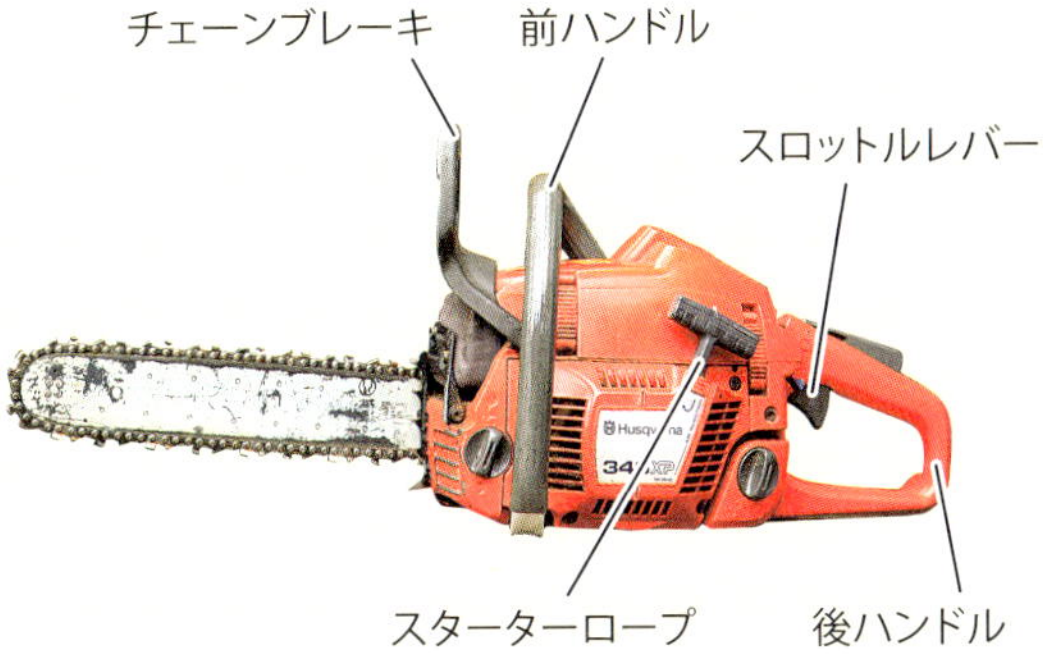

❷ スイッチON、チョークを引く

スイッチを入れないと動かない。始動時はエンジンに余計な空気を入れないようチョークを引く

❸ ハーフスロットル（半アクセル状態）にする

この機種はチョークを引くと自動的に半アクセル状態にセットされる

❹ スターターロープを引く

チェンソーを地面に置き、右足で後ハンドルを押さえ、左手で前ハンドルを握った姿勢でロープを引き上げる。「ブルルン!」という初爆音がしたら引くのをやめる

❺ チョークを戻して、再びスターターロープを引く

チョークを戻さないままスターターロープを引き続けると、燃料がプラグにかぶってしまい、エンジンがかからなくなる

❻ エンジン始動!

すぐにスロットルレバーをポンッと握ってハーフスロットルを解除し、1～2分のアイドリング。ブレーキレバーは作業直前に手で戻す（解除する）

※コールドスタートとは、エンジンが温まっていない状態から始動すること。反対にすでにエンジンが温まっている状態からの始動はホットスタート。気温に関係なく夏でも一発目にエンジンをかけるときにはコールドスタート
※ホットスタート時は、チョークを引くのとハーフスロットルのセットは不要

疲れない姿勢と持ち方

両膝をついて切る

両膝をつけば疲れません
丸太の下には枕木やウマ（丸太を載せる台）を入れると、切ったあとにチェンソーが土や小石に当たることがなく、刃が長持ちする

完全に倒れている木なら、両膝をついて使う。中腰などに比べて、とにかく安定しているので、長時間作業しても疲れない

こんな感じ？
バーを覗き込むように前かがみ
バーは体の真正面

かぶさらない、かがまない

さあ準備ができたところで、いよいよチェンソーを使ってみましょう。

切り倒した木を適当な長さに切ることを「玉切り」といいます。チェンソーの基本操作を体得するなら、横に倒した丸太に刃を垂直に入れる玉切りが一番です。

チェン太郎みたいに木に足をかけて前かがみで切っている人がいますが、これ、とっても危ない姿勢なんです。

いつなんどきチェーンが切れて自分のほうに飛んでくるかわからないし、前かがみだと腰を痛める心配もあります。切るときは「（チェンソーに）かぶさらない」「かがまない」のが基本です。それに倒れている木はたいてい転がりやすくて不安定。木に足をかけるのは姿勢を崩して事故につながる原因になるし、際どいバランスをとりながらの作業は疲れます。

完全に倒れている木なら、両膝を地面についた姿勢をおすすめします。不安定な状態の木を切るなら、すぐ

刃の上部先端には当てない！

動いているチェンソーのガイドバーの上部先端を木に当てると……、

チェンソーが跳ね返ってくる（キックバック）ので危険！

●キックバックが起きる仕組み

ガイドバーの上部先端（濃い部分）を木に当てると、高速回転した刃が木の周りをクルッと回って、ガイドバーが跳ね返ってくる。刃は付け根部分から当てる。事故を防ぐためにチェンソー作業中は5m以内に人を入れない

不安定な状態の木を切るなら、立ったまま、軽く膝を曲げ、両足を開いて左足を前、右足を後ろにする

チェンソーは体の右側に

膝をつく場合も立つ場合も、チェンソーは正面より体の右側にくるようにする。そして刃を覗き込まないように構える

逃げられるように立ったまま軽く膝を曲げた姿勢がベストです。

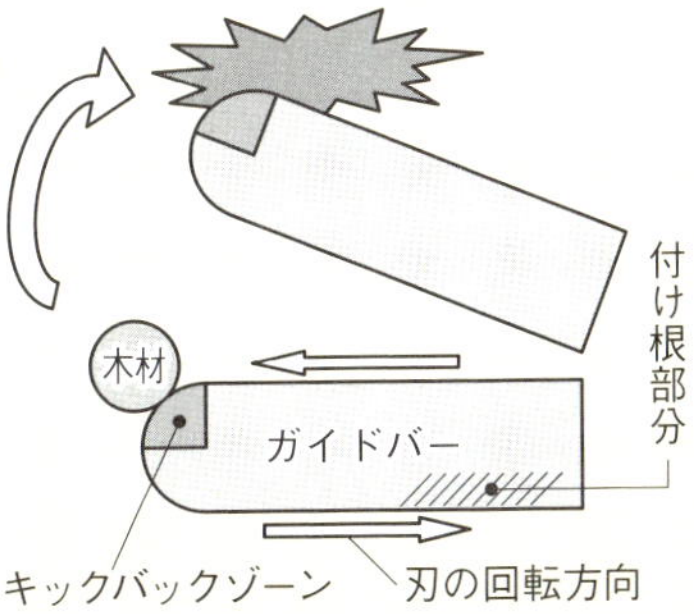

玉切りをうまくやるコツ

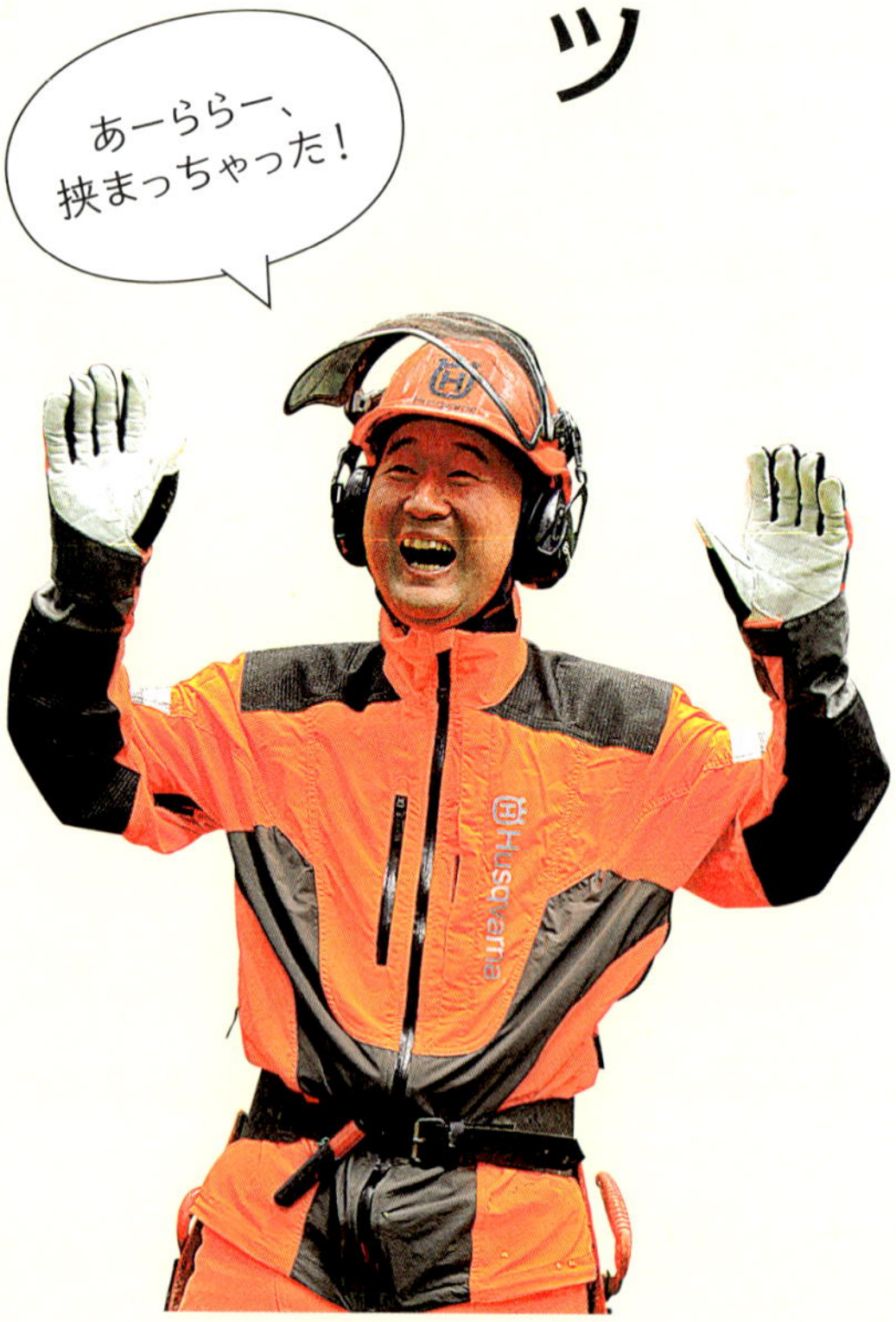

バーが挟まれるわけ

両側が台に付いている木を上から切ると

片側が宙に浮いている木を上から切ると

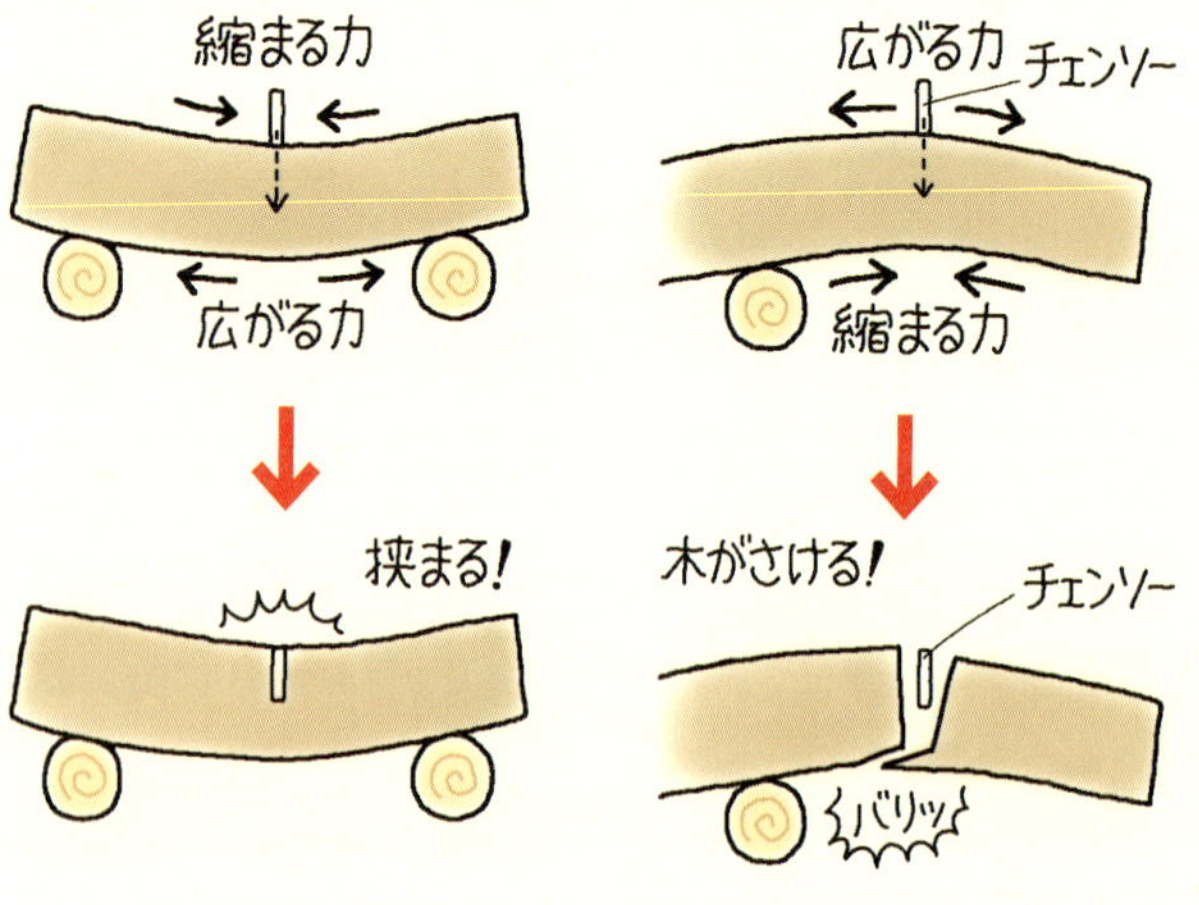

上からクサビを打ち込んで切り口を広げるとチェンソーを救出できる

バーが挟まらないために

それでは玉切りに挑戦してみましょう。

あれれー？　下まで切り終わる前にバーが動かなくなってしまいました。丸太の切り口がせばまってバーが挟まったんですね。倒れている木を切るときに注意しないといけないのが、こんなふうにバーが挟まれてしまうことです。

どうして挟まれてしまうのかというと、たとえば凹凸のある地面の上だとか、枕木やウマの上に置かれた丸太は、弓のようにしなっていてテンション（縮んだり広がったりしようとする力）がかかっていますから、切り口がだんだんせばまってくることがあるんです。

バーが挟まらないようにするためにも、切り終わり付近で木が裂けて切り口がギザギザになるのを防ぐためにも、切る手順を覚えてください。

縮まる力が働いているほうから切る

（切る場所の片側が宙に浮いている場合）

❶
縮まる力が働いている下側から、直径の4分の1〜3分の1まで切り込みを入れる

❷
バーを一旦はずして、切り込みのまっすぐ反対側（上側）まで移動

❸
上側から下の切り込みにつながるように一気に切る

木の断面から見た玉切りの手順

片側が宙に浮いている場合は
下から切り込みを入れる

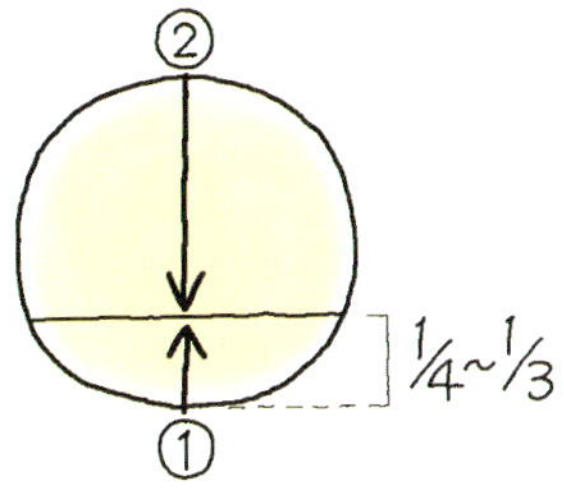

両側が台に付いている場合は
上から切り込みを入れる

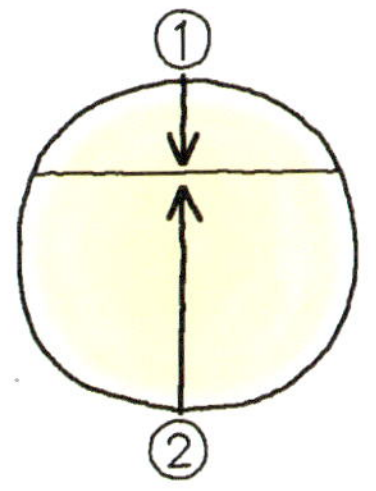

スパイクを支点に漕ぐように切るとラク

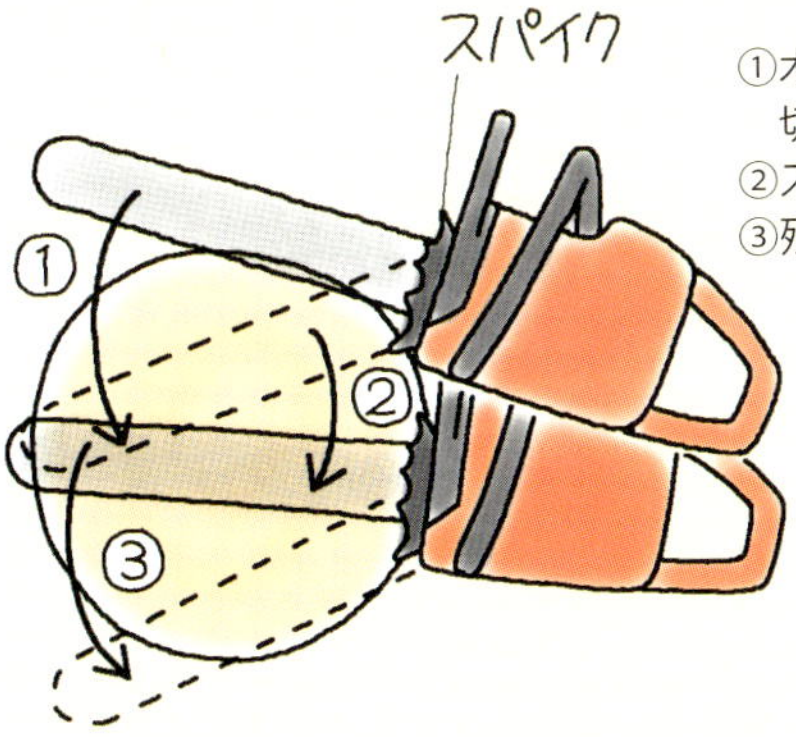

①木の上部半分くらいまで切り、
②スパイクを下にずらして、
③残りを下まで切る

バーの付け根についているギザギザ（矢印）がスパイク。この刃を木に当てることでチェンソーが固定され、切りやすくなる

目立てのカンドコロ

切れなくなってきた
みたいなんですけど……

オガクズが細かくなったら
刃先が鈍くなっている証拠。
目立てのサインです

細かいオガクズは目立てのサイン

玉切りが上手になってきたところで、一回「目立て」（刃を研ぐこと）しましょう。

オガクズを見てみて。細かくなってきたら切れなくなってきているサインです。それからカッターの刃先を太陽の光に当ててみて、キラキラ光って見えたら刃先が鈍くなっている証拠です。

チェンソーの目立ては、左ページの図のように、「上刃目立て角度」と「上刃切削角度」を維持しながら、すべてのカッターの減り（刃長）が均等になるようにしなければなりません。

ここでは誰でも簡単に目立てが上手にできる道具を紹介したいと思います。

目立てに必要な道具は主に丸ヤスリとチェンソーのバーを固定するためのクランプ、それから目立て角度を保つ「目立てゲージ」は絶対に欠かせません。いろんなタイプがあるけれど、ローラーの上でヤスリを転

大事なのは目立て角度を保つこと

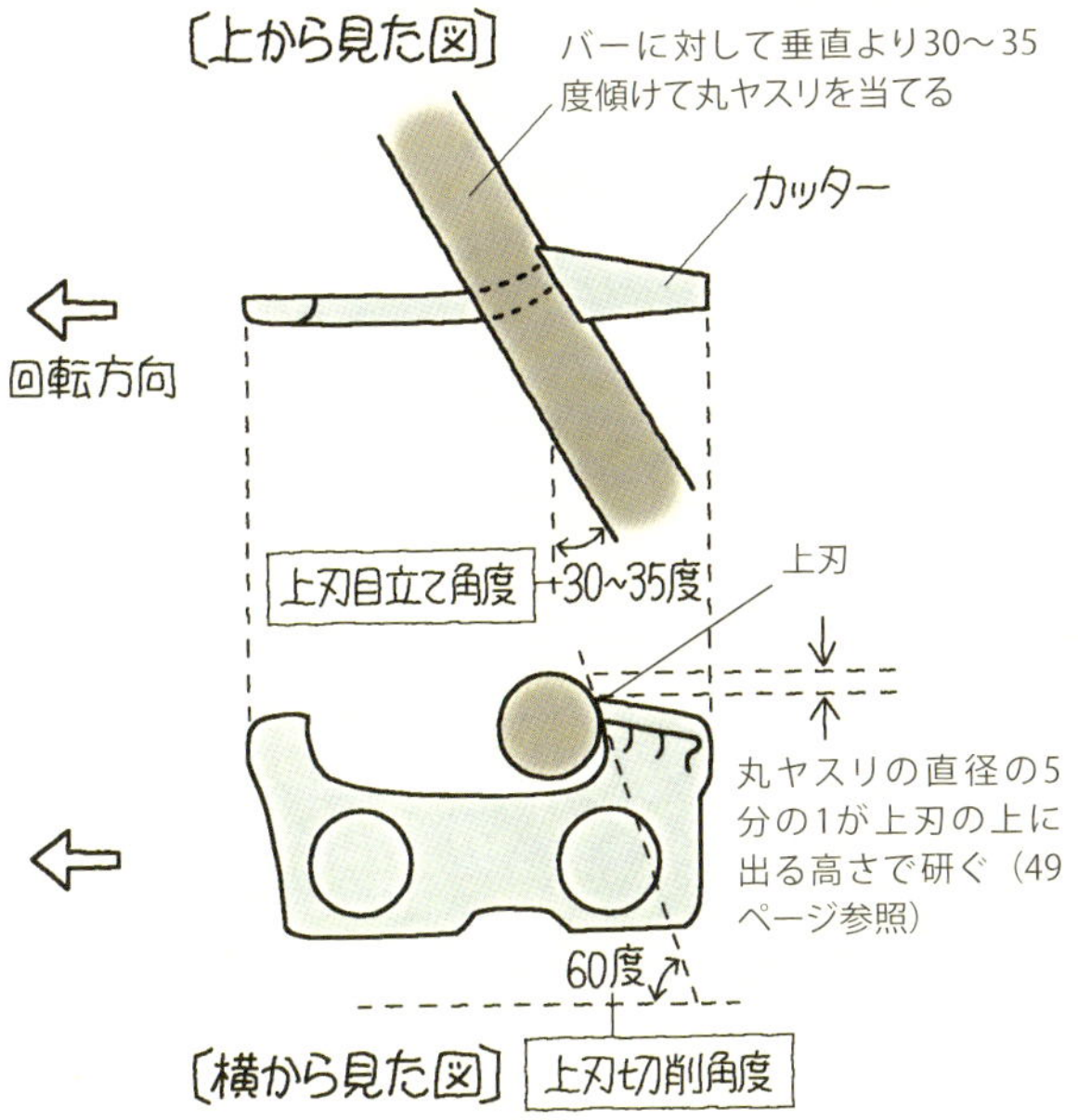

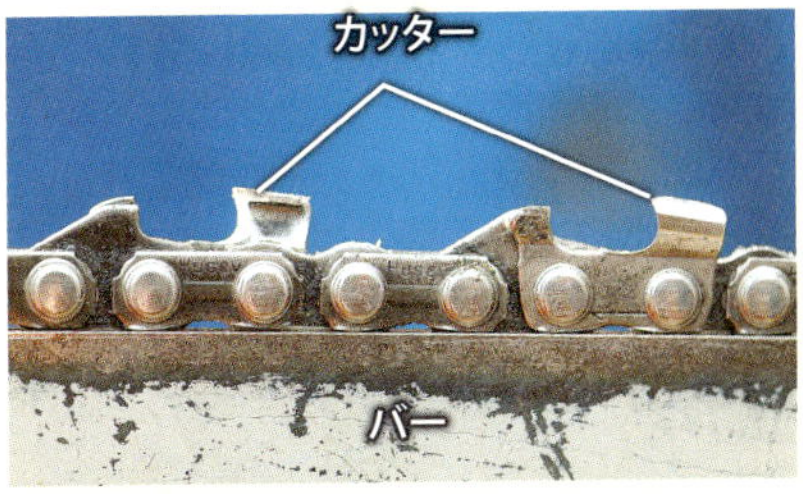

カッター（刃）を横から見たところ

丸ヤスリはこのような角度で当てる

誰でも簡単に目立てができる道具

丸ヤスリは必ず取扱説明書を読んでチェーンに合った大きさのものを使う。左の2本はホルダー型の目立てゲージ付き

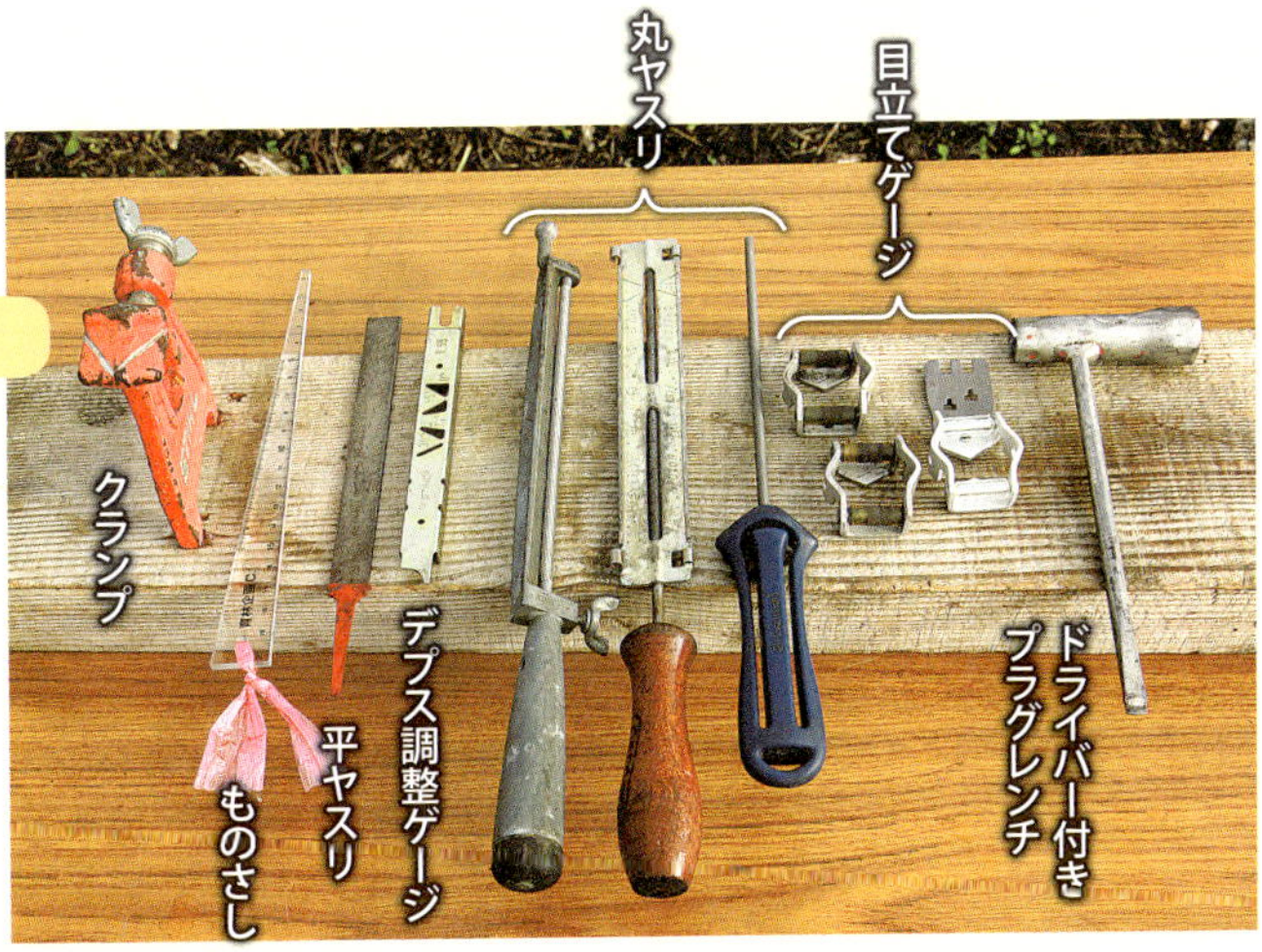

チェンソーを固定する

目立て作業時は必ずチェンソーを固定すること。クランプでバーを挟んで、チェーンとバーの間にドライバーを差し込んでチェーンを張る

がせば目立て角度が決まる目立てゲージ（ファイルゲージとも呼ばれます）が使いやすくておすすめです。

そして目立てを始める前に大切なのは、チェンソーを固定することです。

目立ての実際

❶ チョークで印をつける

最初に目立てするカッターにチョークで印をつけると、一周したときにわかりやすい

❷ 目立てゲージを使ってヤスリを押し出す

ローラーガイドつきの目立てゲージなら、「上刃目立て角度」も「上刃切削角度」もばっちり決まる。カッターの先端に向かってまっすぐヤスリを押し出す（引いてはいけない）。この動作を1つのカッターで3～5回繰り返す

❸ 削りカスを叩き落とす

丸ヤスリについたカッターの削りカスを叩き落としながら目立てする

目立ての実際

クランプでチェンソーを固定したら、実際に目立ててみましょう。

まず、いちばん最初に目立てするカッターにチョークなどで印をつけておきます。こうすると一周したときにわかるので、同じカッターを2度目立てしちゃうなんて失敗がありません。

チェンソーは右向きと左向きのカッターが交互についています。左右のカッターでヤスリを当てる角度が違いますから、先に片側のカッターだけ、一つ飛ばしでぐるっと目立てして、次に反対側のカッターを目立てするという手順になります。

ヤスリの角度がばっちり決まるローラーガイドつきの目立てゲージを使い、ヤスリをローラーの上を転がすように押し出します。

研ぐときは丸ヤスリの直径の5分の1が上刃の上にヤスリが飛び出るように研ぐのが基本です（49ページ図参照）。これよりも上にヤスリが飛び出ていると刃先が鈍角になって切れにくくなるし、これより下だと鋭角になり刃が欠けやすくなります。だから丸ヤスリの太さが重要で、必ず説明書どおりのサイズのものを用意してください。

チェンソーの目立てでもう一つ忘れてはいけないのがデプスの調整です。

カッターの前に飛び出しているデプスゲージと上刃の高さの差がデプスです。このデプスが材に切り込む深さを調節しています。カッターの上刃は後ろにいくほど低くなっているので、目立てを繰り返していくと

❹ ヤスリの直径の５分の１が上刃の上に出るように研ぐ

デプスの調整ゲージを載せてデプスゲージが出っ張っているようだと（矢印部分）、デプスが浅いので削る

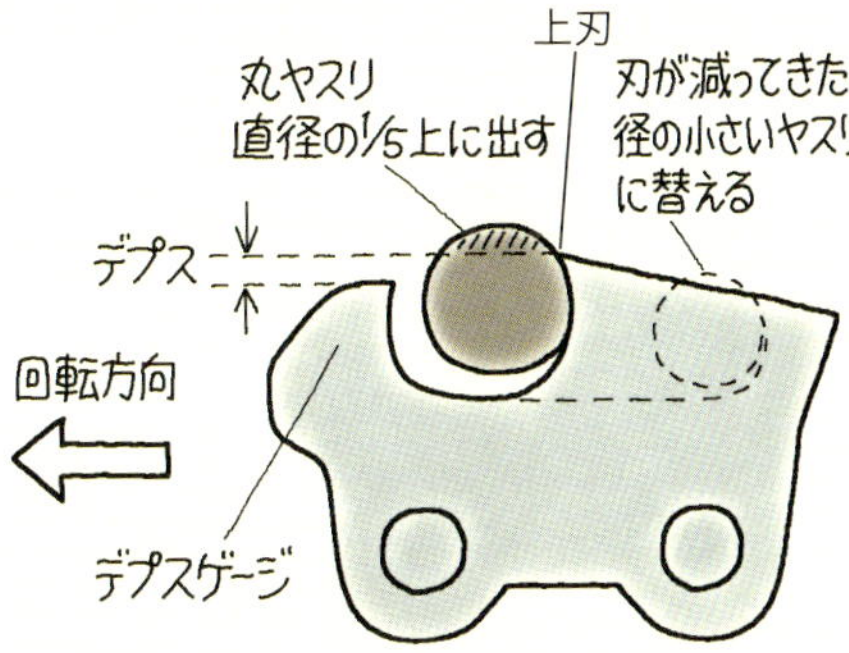

❺ 時々デプスゲージを削り下げる

デプスゲージは最初に頭を削り（右写真）、次に前頭部に平ヤスリを斜めに当てて丸みをつくる。頭を削り落としただけだと材に引っかかってうまく切れない

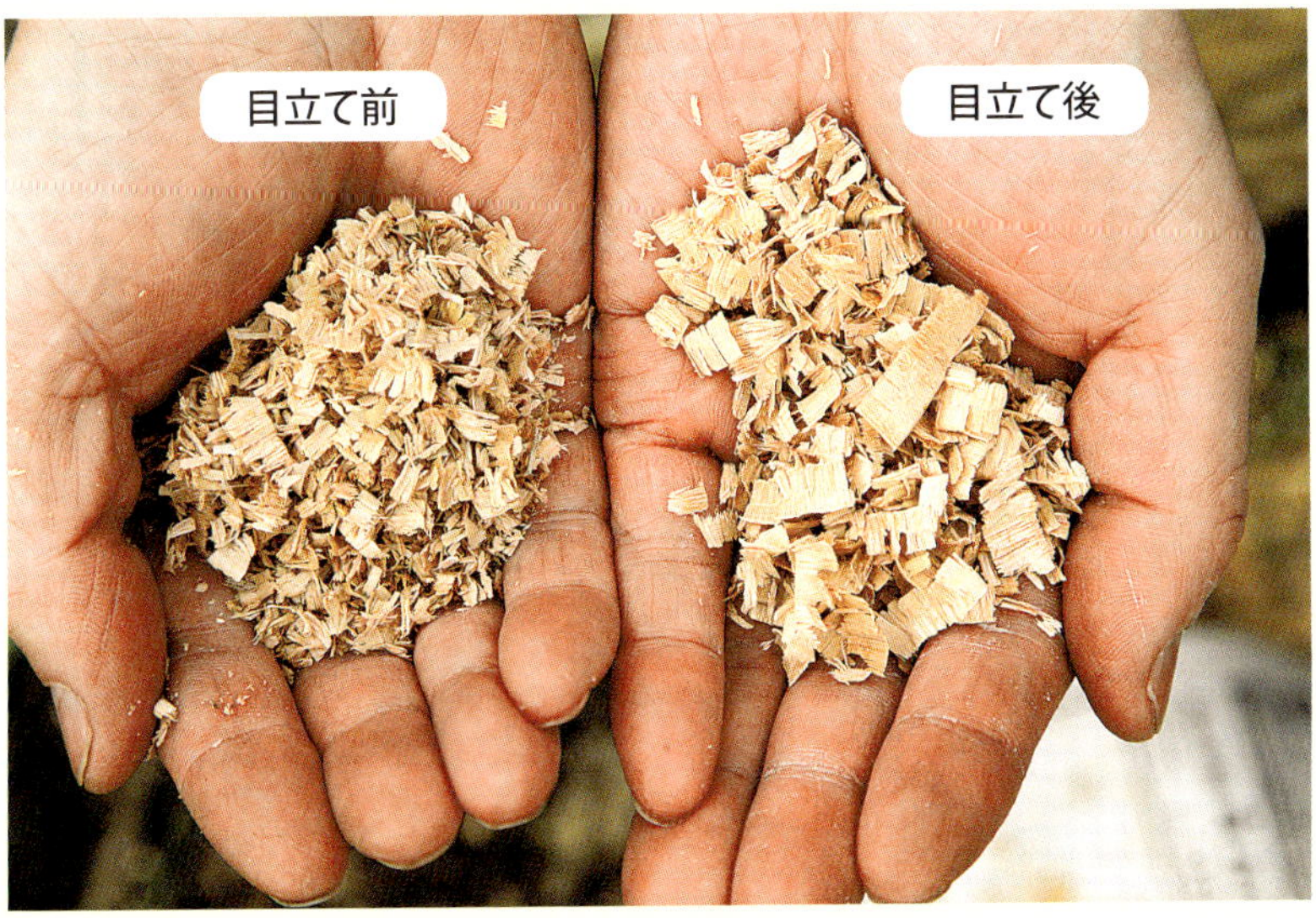

目立ての前後でオガクズの大きさがこんなに違う。刃先が鈍くなるとオガクズが細かくなってくる

切り込む深さが浅くなっていき、やがて切り込めなくなってしまいます。時々デプスの調整ゲージ（デプスゲージジョインター）を当てて、デプスが浅い（デプスゲージが上に飛び出ている）ようなら平ヤスリで削り下げます。

伐倒のコツ

この2つは
必需品です
クサビ
フェリングバー
※テコの原理で木を倒す道具

いよいよ
立ち木を
切るんですね

クサビを叩いて寝かせるように倒す

玉切りも目立てもしっかりできるようになってきたら、いよいよ立ち木を切ってみましょう。

伐倒の手順は、①準備、②受け口を作る、③追い口を入れる、④クサビで倒す、です。安全な伐倒のためには、丁寧に準備をすること。木が完全に倒れるまで「つる」がつながっていること。切りながら倒すのではなく、クサビを叩いてゆっくり寝かせるように倒すことが理想です。

つるは、受け口と追い口の間に切り残す繊維のこと。これが蝶番《ちょうつがい》の役目をします。つるが途中でちぎれると、倒れかかった木がコントロールを失って事故の原因になりますから、命綱だと思ってください。

まずは伐倒しようとする木をよく観察してください。木の重心がどちらにあるか、木が倒れる区域内に障害物（電線や家屋など）はないか、かかり木（別の木に引っかかって倒れないこと）の可能性はないか、どちらに倒すと伐倒後の作業がラクか……。木の周りを回りながら木をよーく見たり、木に体をくっつけてみたりして、伐倒方向を決めましょう。

伐倒方向を決めたら、その反対側に退避場所を確保します。

伐倒方向が決まって、エスケープルート（退避場所までの道）が確保できたら、幹のどの辺りを切るか、チョークでぐるりとラインを引きます。

ここまで準備が整ったら、私は木に対し礼をするようにしています。命をいただくわけですから、感謝と作業の無事を祈りお辞儀をします。

1 伐倒の手順

〈横から見たところ〉

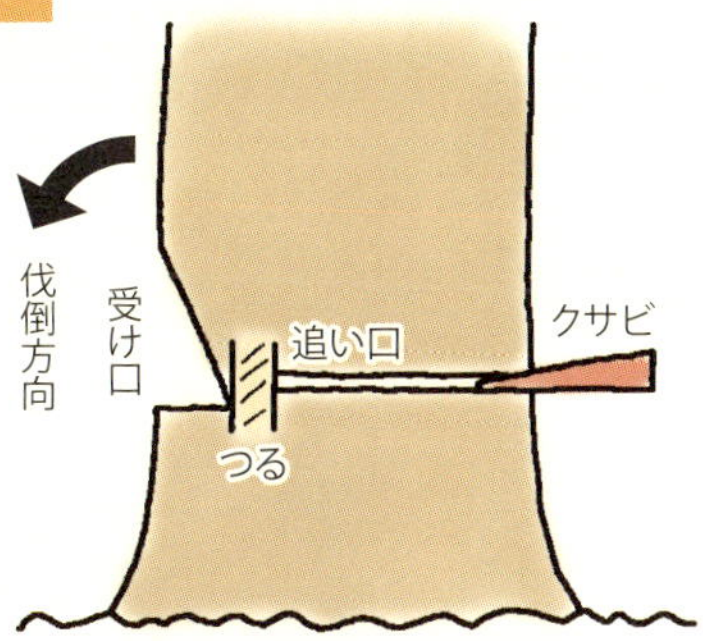

〈上から見たところ〉

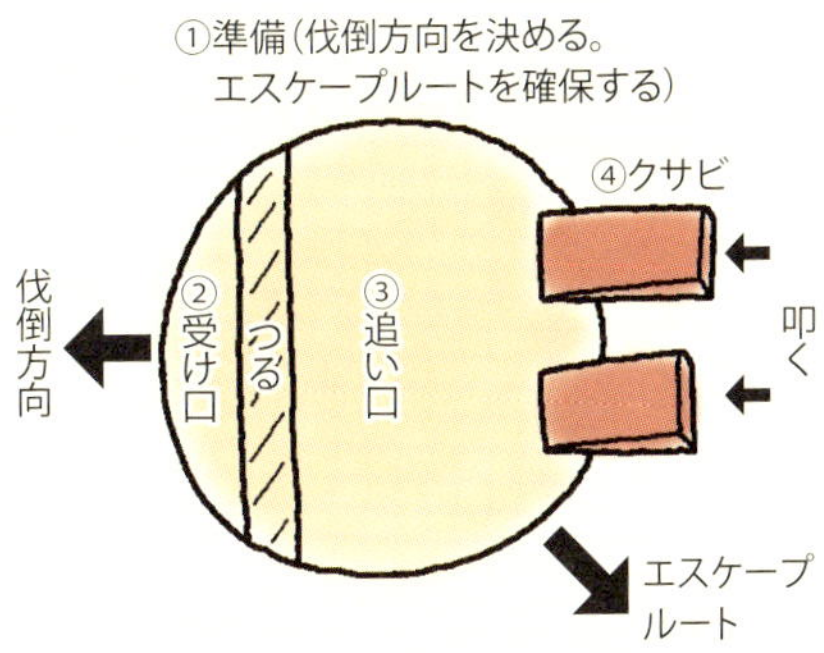

追い口と受け口の間に残した「つる」が蝶番の役目をする。伐倒する人にとっては命綱ともいえる

木の周りをぐるりと観察し、エスケープルートにある藪や切り株など、退避の邪魔になるものはチェンソーで刈り払う

2 受け口は浅く、角度は大きく

(解説と作り方の実際は52ページ)

× 失敗しやすい受け口

①切り込み先がピタッと合わない

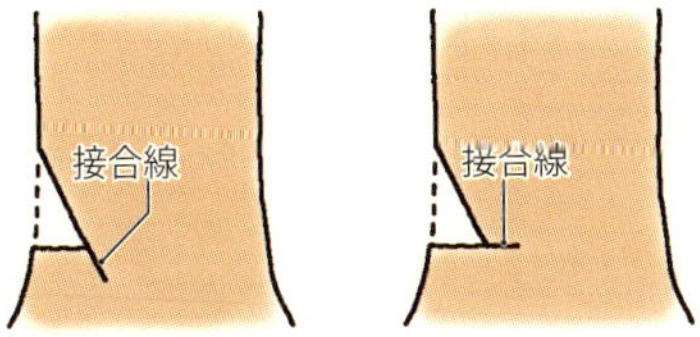

→「つる」が途中で切れやすい

○ 正しい受け口

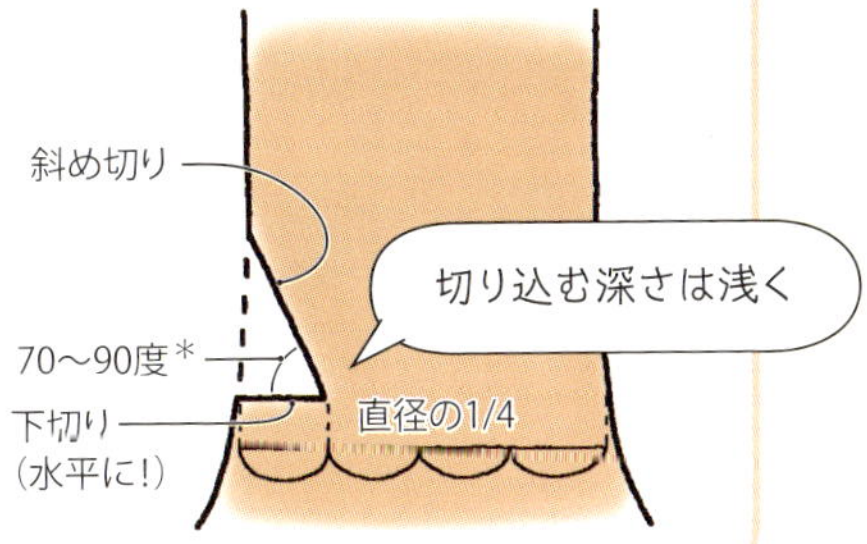

＊幹が広がっている木では受け口が90度ということもある

②受け口が狭すぎる

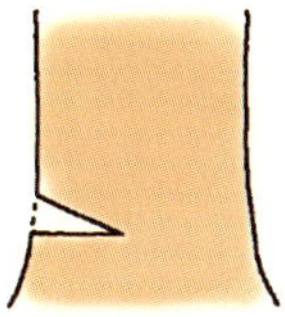

→つっかえて倒れないか、つるが途中で切れる

③受け口の下切り面が斜め

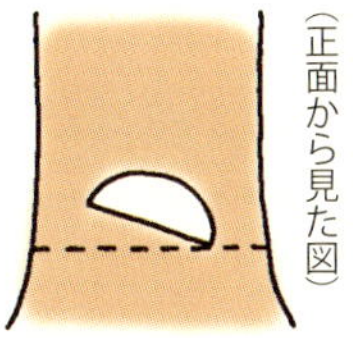

→倒したい方向に倒れない。予測不能な動きをするのでキケン!

④受け口が大きすぎる

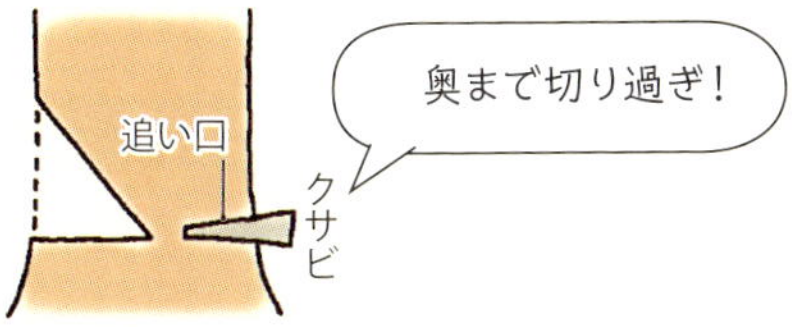

→重心が右にあると追い口を入れる前に倒れてキケン!
→重心が左にあると追い口から入れたクサビが奥まで入らず倒れなくなる

3 受け口の作り方

2 小さく作った受け口。これをたたき台にして、微調整していく

1 木に体を寄せて倒したい方向を見て確認しながら斜め切りする。「斜め切り」と「下切り」どちらからでもよいが、斜め切りからのほうが切り過ぎることがないのでおすすめ。受け口は一発で作ろうとせず、2〜3回手直ししながら作るとうまくいく。最初は小さめに

3 これが斜め切り。チェンソー本体に刻まれたライン（バーと垂直の線：矢印）を目安に伐倒方向に合わせて切るのがポイント

受け口は切り過ぎないこと

伐倒の準備ができたら、次は受け口を作ります。受け口は安全に倒すためと、伐倒方向を決める重要な役目がありますので、とくに正確さが要求されます。

安全に倒すためには受け口の角度を大きくとることをおすすめします（51ページ下図参照）。角度が小さいと倒れる途中ですぐに受け口が閉じてつるがちぎれてしまいます。つるが早く切れると木はコントロールを失い事故の原因になります。

それから倒したい方向に正確に倒すためには、受け口の「斜め切り」と「下切り」を切り過ぎないように、それぞれの切り込み先（接合線）をぴたっと合わせる必要があります。

とにかく切り過ぎないこと。初心者の方にはこれが一番大事です。受け口の奥行きは木の直径の4分の1（大径木なら3分の1）を目安にしてください。

❹ これが下切り。このときもチェンソーに刻まれたライン（矢印）を目安に伐倒方向に合わせる

❺ 下切りの水平は離れて見てみるとわかりやすい。他の人にも見てもらい、相談しながら手直しするとなおいい

❻ フェリングバーを受け口に当てると伐倒方向が予測できる

❼ 下切りで水平を手直しし、接合線をぴたりと合わせる。伐倒方向の手直しが必要なときは斜め切りで行なう

❽ 受け口は切り込む深さがこれくらい浅いほうがよい。ただし角度は大きいほうが、つるが最後までつながるので安全に倒れる。大きい角度の受け口を「オープンフェイス」ともいう

❶ 受け口の下切り面を延長するように、チョークでぐるりと水平ラインを描く（このラインは目安。1回目の追い口はこのラインより少し上を切る）

❷ 受け口にバーを置いてみて、どこまでバーを突っ込めば木の半分を切ることができるかチョークでバーに印をつけておく（バー先端の弧の部分は木の中心線を越えるようにする）

4 1回目の追い口の入れ方

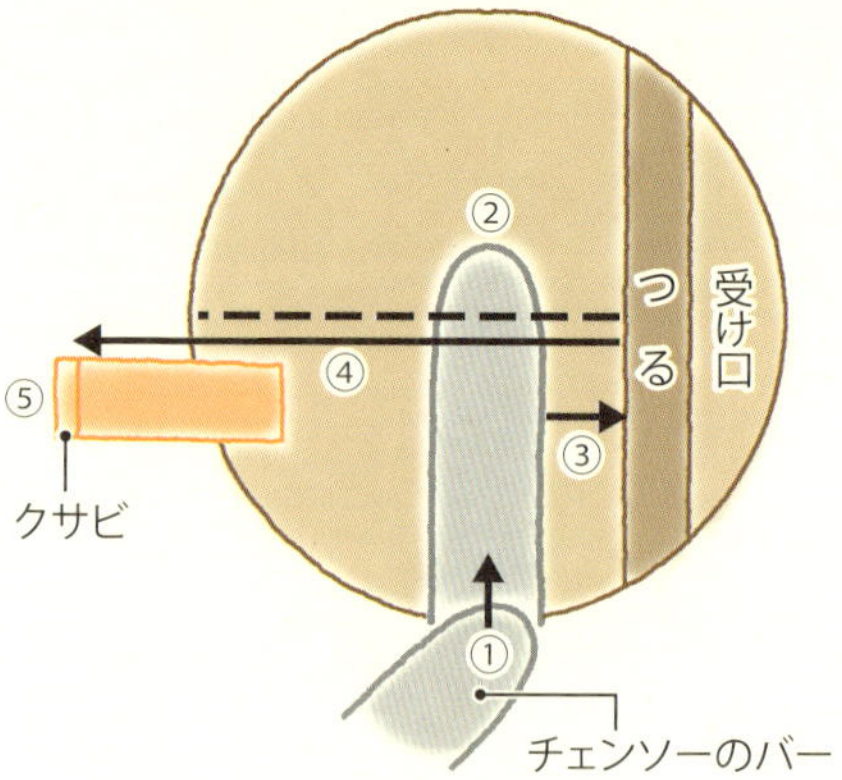

1回目の追い口の手順

① 横からチェンソーを突っ込み切り
② バーを木の半分まで差し込む
③ バーの背中を利用して「つる」の手前まで切る
④ 受け口の反対側に向かって切り抜く
⑤ クサビを入れる

※1回目が終わったら反対側から2回目を同様に行なう

追い口は2回に分けて

受け口が正確にできたら、いよいよ追い口を入れましょう。追い口は、受け口の反対側に「つる」を残して入れる切り込みのことです。

受け口の反対側から一気に切り込んでそのまま倒すのはとっても危ない！　安全な伐倒はチェンソーで切りながら倒すのではなく、クサビで倒すのが理想です。クサビを入れるために「追い口は2回に分けて」を心がけてください。

2回というのは、追い口側から見て伐倒方向に対し、まず右半分を切り、クサビを入れてから残りの左半分を切るという手順になります。こうすると、追い口の右半分を切り終えても木が倒れだすことは絶対ないので、クサビを入れることができます。

3 受け口が右に来るように立ち、目安のラインよりやや上を突っ込み切り。このときキックバックを起こさないようバー先端の当てる位置に注意（図のアミかけ部分は当てないように）

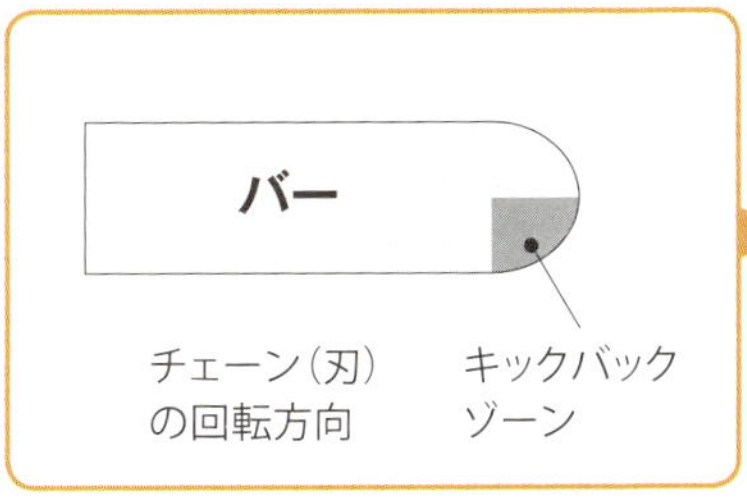

4 チョークの印までバーを差し込む

5 「つる」を残すように、受け口に向かってバーの背中で水平に切る

6 受け口の反対側へ、バーを水平に切り抜く

7 できた鋸溝《のこみぞ》にクサビを打ち込む。フェリングバーをハンマー代わりにするといい

5 2回目の追い口の入れ方（断面図）

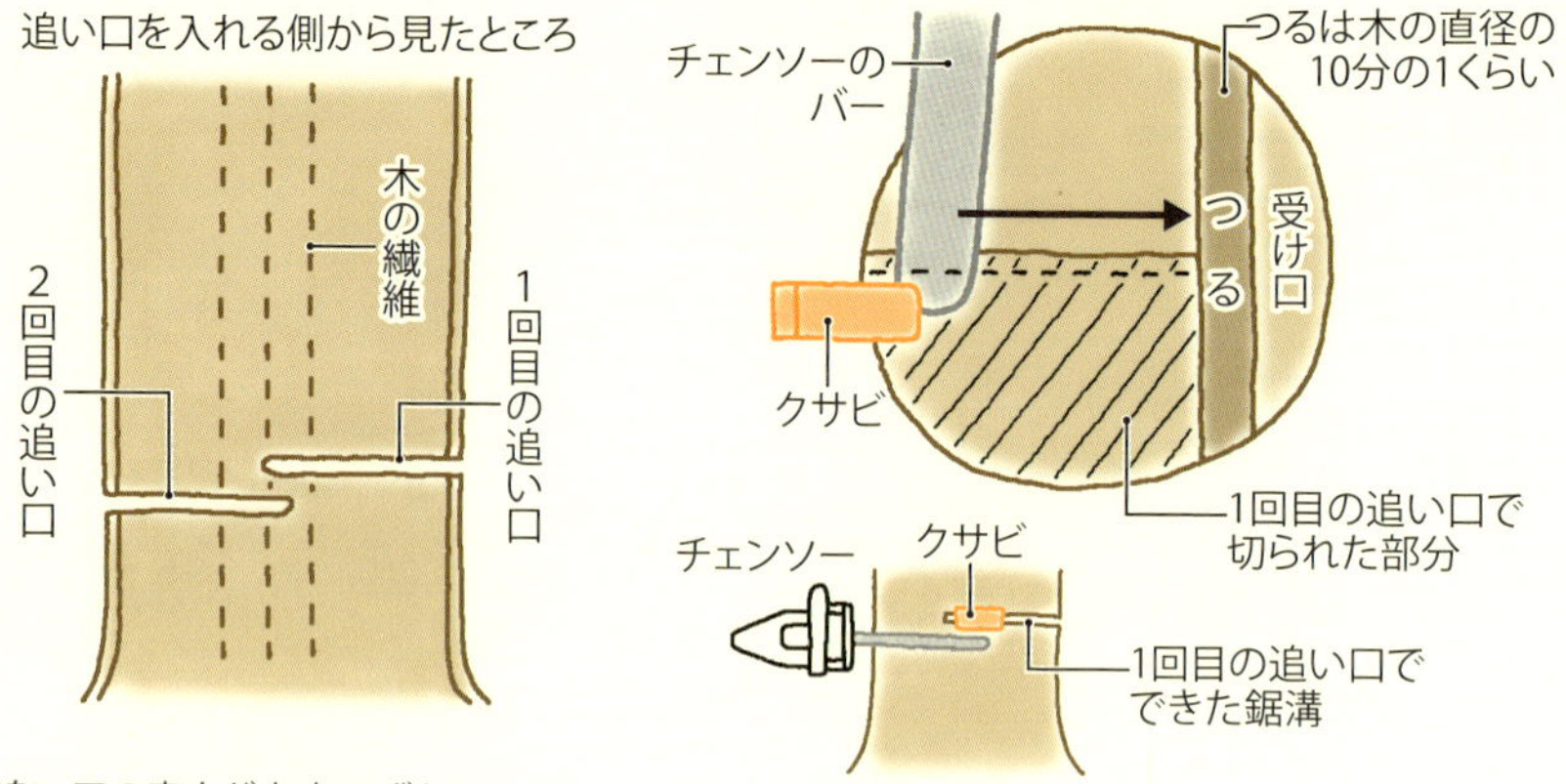

追い口の高さが左右でずれていても木の繊維は断ち切られる

2回目の切り口はクサビを避けて高さを変える

追い口は低いほうが安全

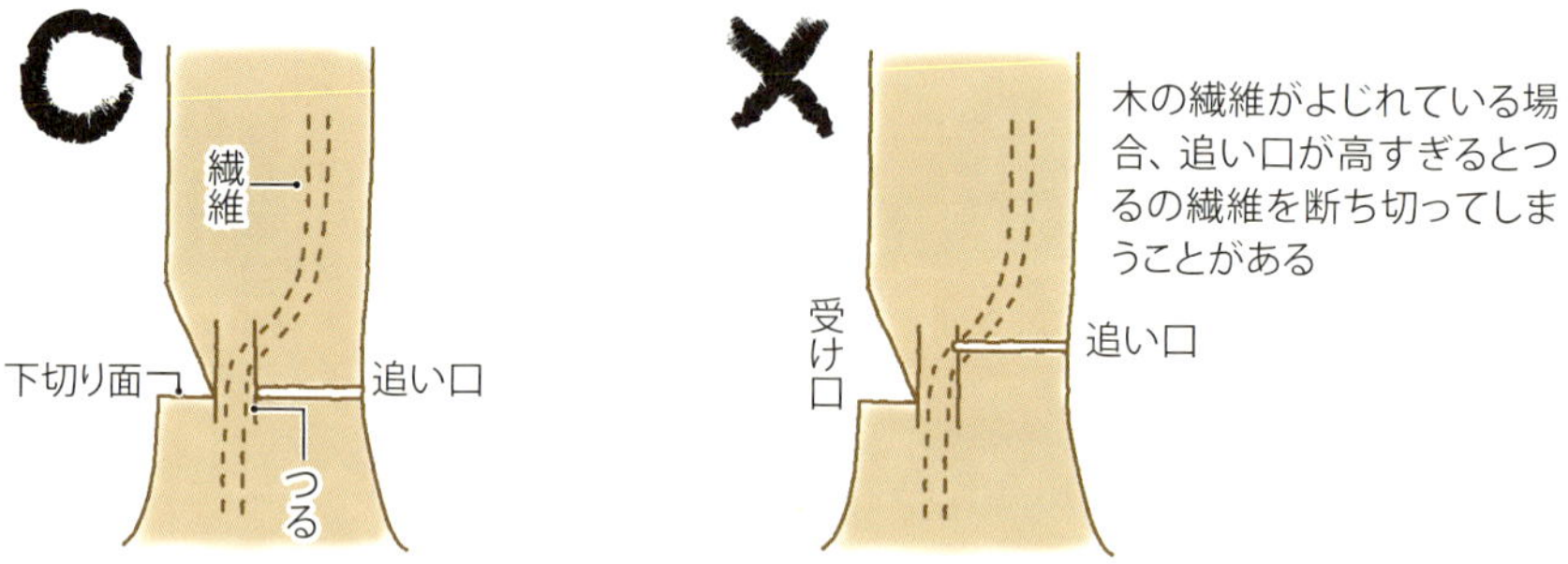

チョークで描いた受け口の下切り面の延長ラインを目安に、受け口の下切り面と同じ高さか、少し高いくらい（5㎝くらいまで）で追い口を入れるとつるが残る。受け口の角度を大きくとることでも、つるは最後までつながるので安全に倒せる

一般には追い口は高めに入れたほうが安全だといわれている（75ページ）が、受け口と違う高さで追い口を入れると、残すつるの幅が読みづらく、つい切り過ぎてしまい、かえって危険である、というのが私の意見である

1回目より ちょっと下にずらす

受け口を丁寧に作って、追い口を半分だけ切ったところで、クサビを入れました。次に2回目の追い口で残り半分を切り、いよいよ伐倒です。伐倒方向に人はいないか、よく確認してください。

2回目の追い口を入れる高さは、1回目の追い口でできた鋸溝よりちょっと下にずらしてください。1回目と同じ高さで切ると、鋸溝に差し込んだクサビをチェンソーで切ってしまう心配があるからです。

木の繊維は縦方向に走っていますよね。左右で鋸溝がずれていても、図のように繊維は断ち切れますのでちゃんと木は倒れます。

それでは、2回目の追い口を入れて木を倒してみましょう。

どうですか、安全に伐倒するやり方。体で覚えて、事故のない自伐林業を楽しんでください。

6　2回目の追い口の入れ方（実際）

追い口の残り半分を切り進める。つるが横一直線に残るよう、チェンソーを水平移動する

2回目の追い口は1回目の鋸溝より少し下にずらして入れると、クサビを切らないですむ

安全に倒れた！

伐倒！　真後ろは木が裂けたり跳ねたりして危険なので、伐倒方向に対し斜め後ろに退避する（事前に準備したエスケープルート）

木の動きをよく観察し、倒れそうになるか、倒れ始めたら、チェンソーを抜いて木から離れる

切断面。追い口が上下にずれていても繊維が断ち切られているので倒れた。つるが最後までつながった状態で倒れ、倒れてからつるが切れた

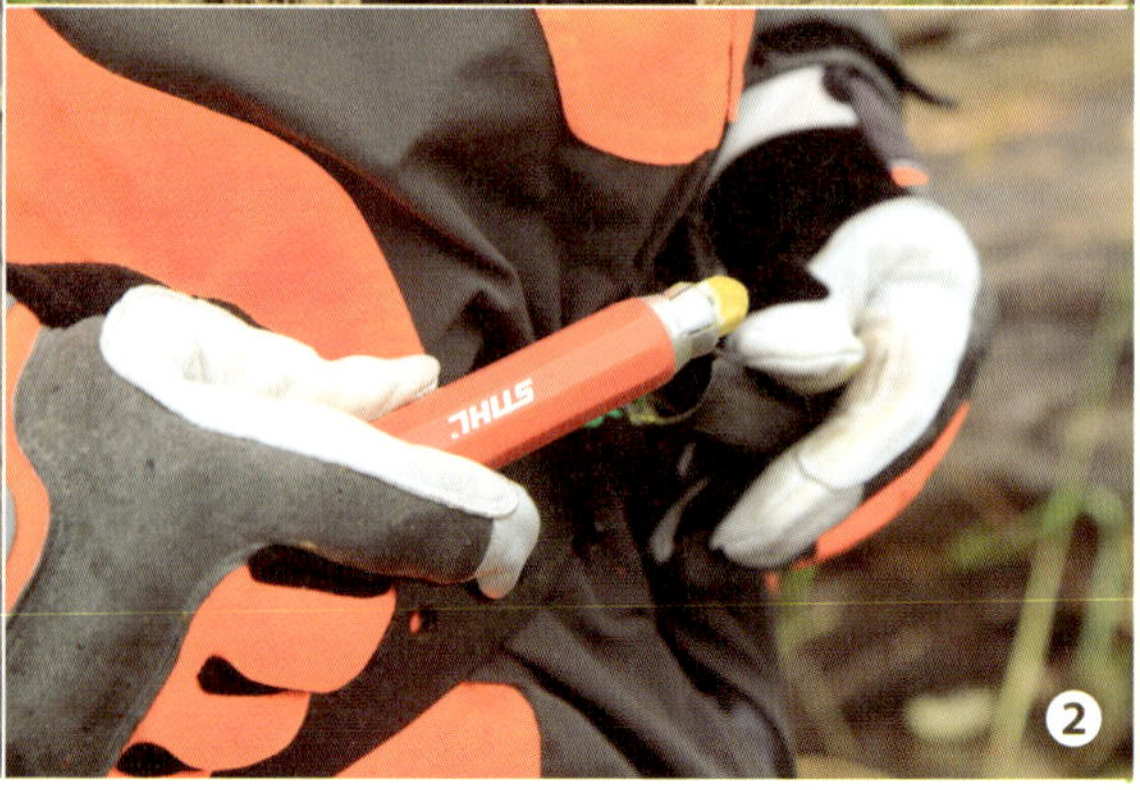

舘脇信王丸さんの愛用道具

文＝編集部　写真＝倉持正実

①舘脇さんが両手で持っているのがリフティングフックとリフティングトング（ハスクバーナ社製）。丸太を運ぶときにはリフティングトングで挟んで引き出す。薪を運ぶときにはリフティングフックを引っかけて持つとラクに運べる

②腰に付けたのは丸太などに印をつけるためのチョーク（スチール社製）

③1人で丸太の長さを測るときに便利なのが、腰に付けたメジャー（ハスクバーナ社製）。木口にフックで留めてメジャーを伸ばし、測り終えたら手でメジャーを引くだけでフックがはずれる

Part 3

小さい林業で稼ぐための基礎知識編

うちの山とのつきあいは どう変わってきたんだろう？

旧旭町
名古屋市
豊田市
愛知県

愛知県豊田市・高山治朗さん

文=編集部　写真=高木あつ子

8ページの高山治朗さんを例に、当時の時代背景とともに親子３代の山の歴史をふり返ってみた。

太朗さん（1980年生まれ）
長男・Uターン就農4年目。35aのジネンジョのパイプ栽培で反収100万円を目指す。ジネンジョ掘りのバックホーで木の搬出も手伝う

治朗さん（1952年生まれ）
9haの山の手入れをしながら、C材（パルプチップ用）を「木の駅」に出荷。ミョウガ、ヤマゴボウ、大豆20aと水田25aも担当

悦夫さん（1922年生まれ）
農家林家一筋75年、20年前まで自力で間伐もしていた。持ち山の境界線もすべて頭に入っている

うちって先祖代々、
山をどうして
きたんだろう？
参考に、
治朗さんのうちの場合を
教えてもらおうっと
チェン太郎
くまごろう

郵便はがき

おそれいります
が切手をはって
お出し下さい

1078668

（受取人）
東京都港区
赤坂郵便局
私書箱第十五号

農文協
読者カード係 行

http://www.ruralnet.or.jp/

◎ このカードは当会の今後の刊行計画及び、新刊等の案内に役だたせて
いただきたいと思います。　　はじめての方は○印を（　）

ご住所	（〒　－　） TEL： FAX：
お名前	男・女　　歳
E-mail：	
ご職業	公務員・会社員・自営業・自由業・主婦・農漁業・教職員（大学・短大・高校・中学・小学・他）研究生・学生・団体職員・その他（　）
お勤め先・学校名	日頃ご覧の新聞・雑誌名

※この葉書にお書きいただいた個人情報は、新刊案内や見本誌送付、ご注文品の配送、確認等の連絡のために使用し、その目的以外での利用はいたしません。

● ご感想をインターネット等で紹介させていただく場合がございます。ご了承下さい。

● 送料無料・農文協以外の書籍も注文できる会員制通販書店「田舎の本屋さん」入会募集中！
案内進呈します。　希望□

■毎月抽選で10名様に見本誌を１冊進呈■（ご希望の雑誌名ひとつに○を）

①現代農業　②季刊 地 域　③うかたま

お客様コード □□□□□□□□□□

17.12

お買上げの本

■ご購入いただいた書店（　　　　　　　　　　　　　　　書 店）

●本書についてご感想など

●今後の出版物についてのご希望など

この本をお求めの動機	広告を見て（紙・誌名）	書店で見て	書評を見て（紙・誌名）	インターネットを見て	知人・先生のすすめで	図書館で見て

◇ 新規注文書 ◇　　郵送ご希望の場合、送料をご負担いただきます。

購入希望の図書がありましたら、下記へご記入下さい。お支払いはCVS・郵便振替でお願いします。

（書名）	（定価）¥	（部数）　部
（書名）	（定価）¥	（部数）　部

林業を取り巻く歴史

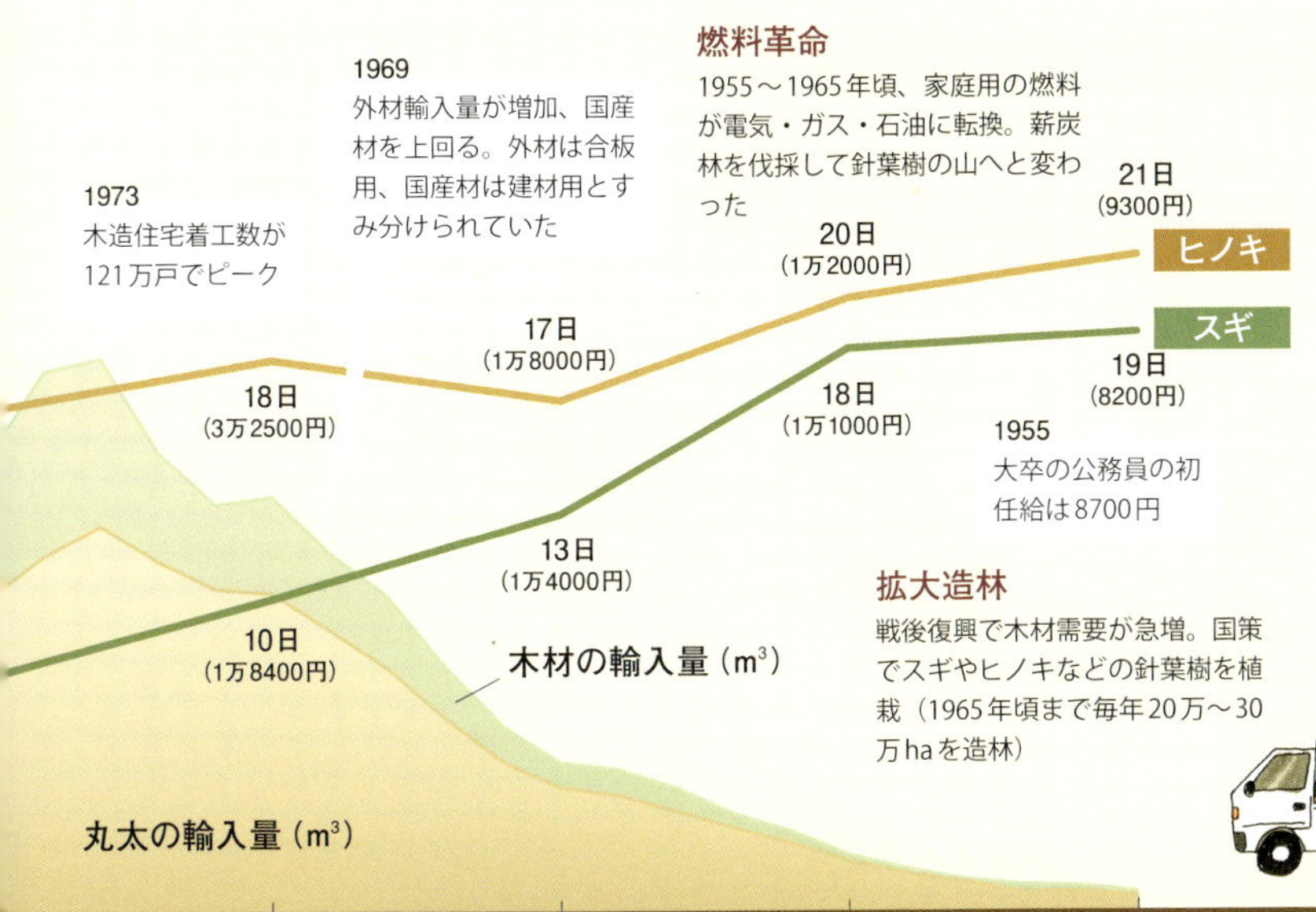

燃料革命
1955〜1965年頃、家庭用の燃料が電気・ガス・石油に転換。薪炭林を伐採して針葉樹の山へと変わった
1969
外材輸入量が増加、国産材を上回る。外材は合板用、国産材は建材用とすみ分けられていた
1973
木造住宅着工数が121万戸でピーク
21日（9300円）
20日（1万2000円）
17日（1万8000円）
18日（3万2500円）
ヒノキ
スギ
19日（8200円）
18日（1万1000円）
13日（1万4000円）
10日（1万8400円）
1955
大卒の公務員の初任給は8700円
拡大造林
戦後復興で木材需要が急増。国策でスギやヒノキなどの針葉樹を植栽（1965年頃まで毎年20万〜30万haを造林）
木材の輸入量（m³）
丸太の輸入量（m³）

木材1m³で人を何日雇えるか？

このグラフでは、物価上昇を折り込んだときの木材価格を表してみた。ヒノキ・スギ丸太1m³の木材価格を、その年代の大卒公務員の初任給（20日で日割）で割り算。1m³の木材を売った場合、新卒の公務員を何日雇えるかを調べた。（　）内は原木市場に出荷されたA材の実際の価格。

初任給（1カ月分）ではヒノキ丸太が軽トラ1台分ちょっと、0.9m³しか買えなかった

年代

年	出来事
1945	終戦
51	丸太の関税撤廃
1950	
55	
1960	国民所得倍増計画
64	東京オリンピック　木材輸入の完全自由化（製材も関税撤廃）
69	
1970	
73	第1次石油ショック

木が足りない！どんどん植えろ、輸入もせよ　→　高く売れた 住宅建設ラッシュ

高山家の山の歩み

49　悦夫（27歳）、8人兄弟の次男だが、兄を戦争で亡くしたため、実家の9haの山を相続。大卒の公務員の初任給より1m³のヒノキの値段が高かった頃、相続税も3万円（現在の相場に直すと170万円!?）と大変な額だった

52　次男の治朗が誕生

57　悦夫（35歳）、先代が植えた50年生のヒノキを皆伐。1982年まで7haの山に2万1000本（ヒノキ7割、スギ3割）の苗を植栽

63　治朗（11歳）、下草刈りやつる切りをする悦夫に連れられて、よく山に行った

68　治朗（16歳）、高校進学で実家を出る。大学時代は木の値段がよかったので毎月3万円の仕送りが届いた

70　悦夫（48歳）、チェンソーを購入。これまでノコギリで1日5〜6本の伐倒がやっとだったが、飛躍的に効率アップ

先代の山
（50〜60年生）

悦夫の山
（10〜20年生、管理期）

ワシは1975年まで牛で木を出しておったぞ
70cmの木のソリに300kgの丸太を載せてひくんよ

イラスト=キモトアユミ

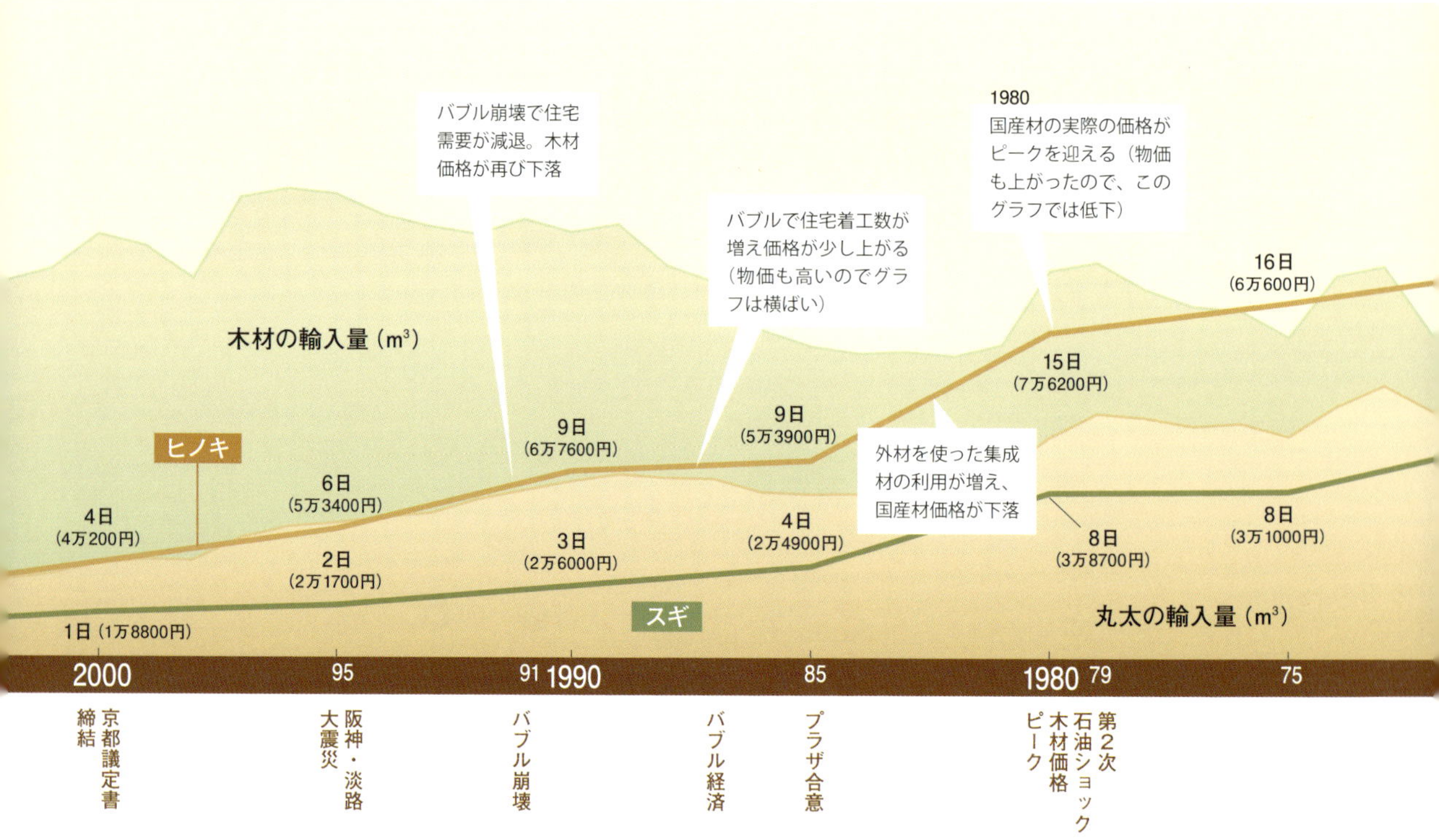

価格急落でみんなが山を見て見ぬふり

75
治朗（23歳）、大学卒業後は実家に戻らず、教員になって岡崎市に赴任

77
悦夫（55歳）、娘の結婚費用にと、先代が植えた70aの山を皆伐。森林組合に施業委託しても手元に300万円ほど残った

80
悦夫（58歳）、将来木材価格が下がることを予感して、小型林内作業車のマウントポニーを購入。自力間伐のみに切り替える
治朗（28歳）、長男の太朗が誕生

85
悦夫（63歳）、原木市場に出荷したのは、この年が最後。これ以降は、切り捨て間伐のみになる

90
悦夫（68歳）、農地の基盤整備を機に整備の対象とならなかった山際の田んぼにスギの苗を植栽

93
悦夫（71歳）、中部電力の高圧線の鉄塔が建ち、60aを皆伐（その後ヒノキを植栽）。補償金で家をリフォーム

悦夫の山
（20～30年生、間伐期）

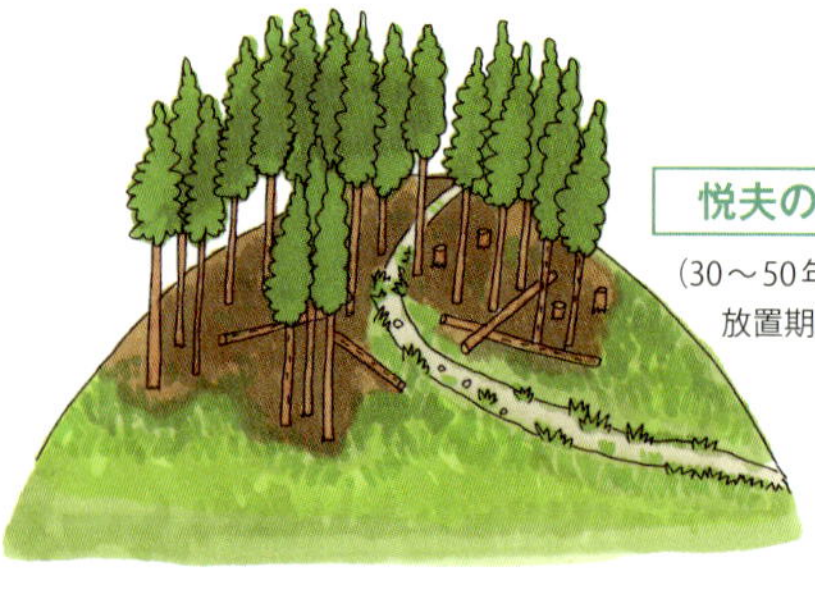

悦夫の山
（30～50年生、放置期）

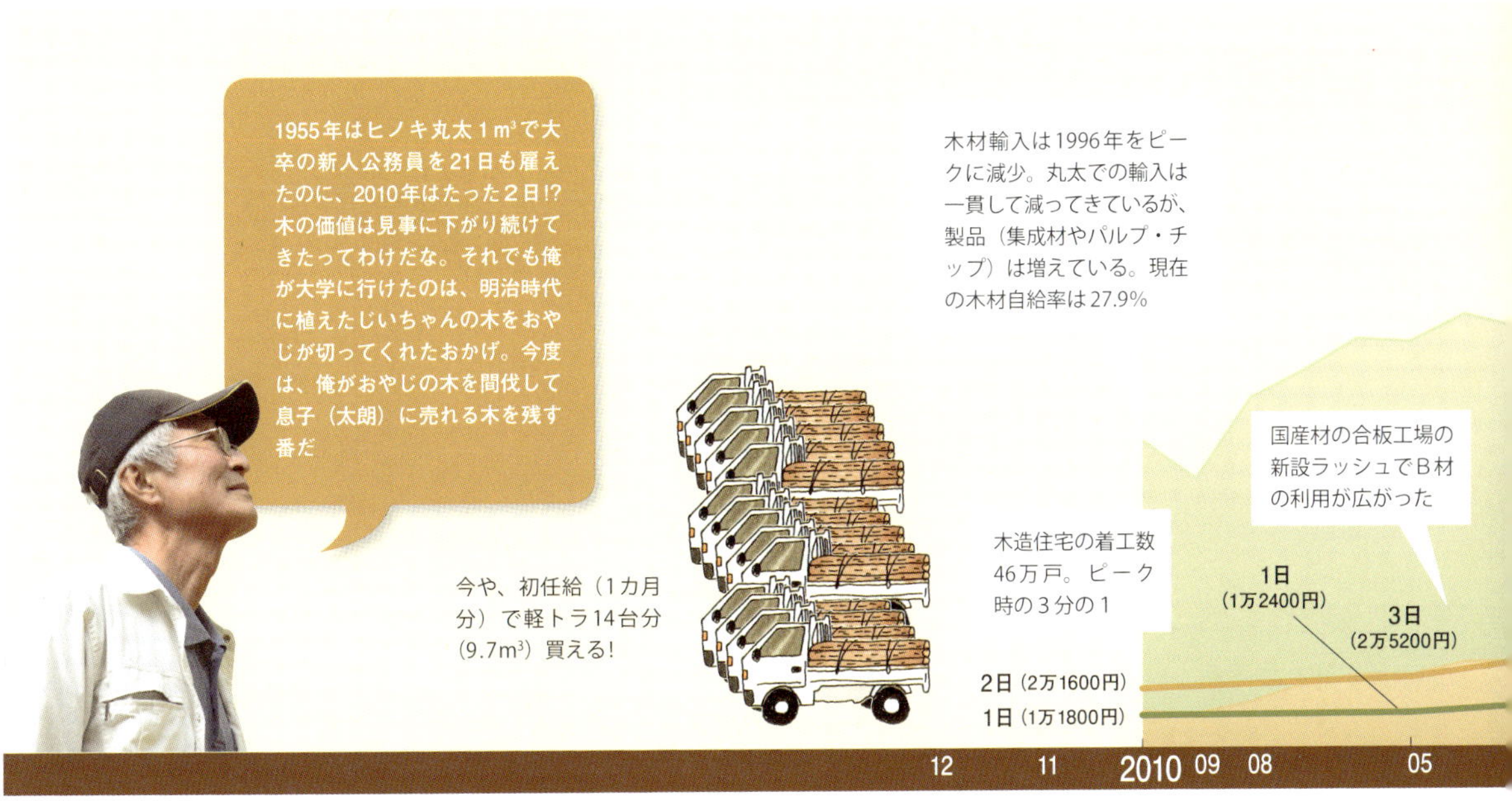
1955年はヒノキ丸太１m³で大卒の新人公務員を21日も雇えたのに、2010年はたった２日!? 木の価値は見事に下がり続けてきたってわけだな。それでも俺が大学に行けたのは、明治時代に植えたじいちゃんの木をおやじが切ってくれたおかげ。今度は、俺がおやじの木を間伐して息子（太朗）に売れる木を残す番だ
今や、初任給（1カ月分）で軽トラ14台分（9.7m³）買える!
木材輸入は1996年をピークに減少。丸太での輸入は一貫して減ってきているが、製品（集成材やパルプ・チップ）は増えている。現在の木材自給率は27.9%
木造住宅の着工数46万戸。ピーク時の３分の１
国産材の合板工場の新設ラッシュでＢ材の利用が広がった
1日（1万2400円）
3日（2万5200円）
2日（2万1600円）
1日（1万1800円）
12
11
2010
09
08
05

08 リーマンショック

09 森林・林業再生プラン

2010 TPP交渉参加表明

11 東日本大震災　福島第一原発事故

12 自民党政権　再生可能エネルギー固定価格買取制度

代替わり、山とのつきあいことはじめ

この間、治朗は39歳のとき教員を辞め、秋田県や三重県の農業法人に勤めて家には戻らず。太朗は静岡の農業法人に就職。山は見て見ぬふりが続いた

10　治朗（58歳）、太朗（30歳）の就農を機にUターン。森林組合の「自主自力間伐講座」に参加し、実際に間伐にも挑戦してみた

11　治朗（59歳）、地元で「旭木の駅プロジェクト」がスタート。C材（パルプチップ用）を14t搬出して初年度のモリ券（地域通貨）長者になる

14　治朗（62歳）、父が元気なうちに山の境界を確定させたいので、今年は山に杭を打つ予定

3年前におやじと間伐した23年生のスギ。光が入るようになって、下草も少しずつ生えるようになった

治朗の山
（50年生以上、間伐再開）

そもそもよくわからない林業のイロハ

文＝編集部

木1m³ってどれくらい？

見当をつけるには

80年生の大径木

直径50cm、長さ4mの丸太1本

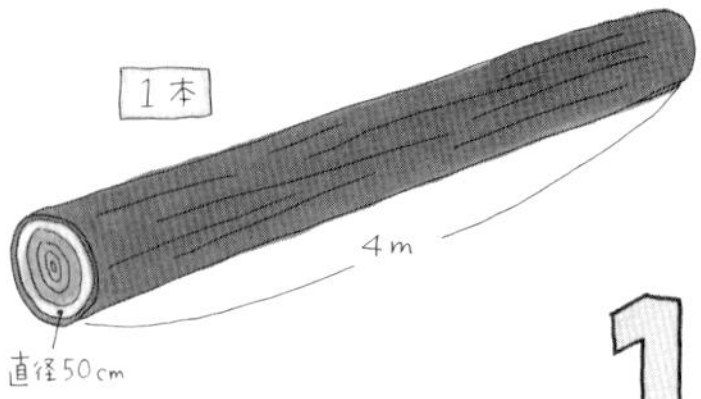

C材の丸太

直径20cm、長さ4mの丸太で7本

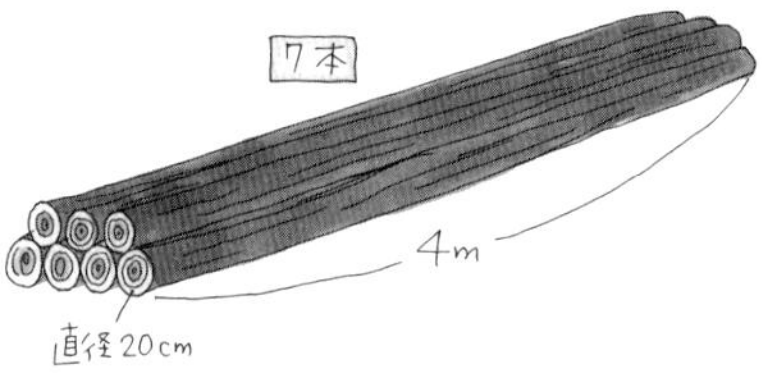

1m³

軽トラ

山形県鶴岡市の軽トラ林業（30ページ）では「直径20cm、長さ2mの材を軽トラにかまぼこ型に積んだら、だいたい1m³」という見当だそうだ（温海町森林組合の話）

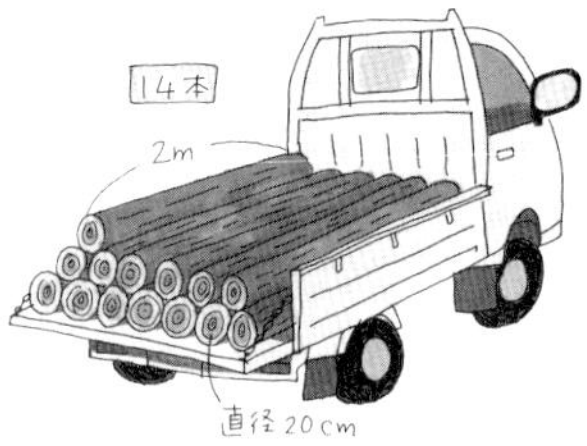

材積の求め方

材積（m³）
＝（元口と末口の直径の平均cm）²
×長さ（m）÷10000

元口20cm、末口16cm、長さ4mの丸太の材積は、
18×18×4÷10000＝0.13（m³）

重さは？

重量（t）＝体積（m³）×比重

温海町森林組合では、未乾燥（比重1）の木は1m³＝1tと見るが、葉枯らししたスギなら1m³で0.7t程度と見るそうだ。薪にまで乾燥させると、スギの場合、比重は0.38、ナラは0.67くらい

A材、B材、C材ってなに？

- A材（直材） → 原木市場 スギ1万円/m³ → 製材所 → 建築用材
- B材（曲がり材・短尺材） → 8000〜8500円/m³ → 工場 → 合板・集成材
- C材（低質材）
  - → 2000〜3000円/t → チップ工場 → 紙／木質ボード／燃料（暖房・発電）／肥料・敷料
  - → 5000〜6000円/t → 木の駅
  - → 薪 1万7500円/m³

C材はこうしてみると、やっぱり薪にして売るのがいいね。薪割りや乾燥、結束の手間がかかるが、チップの5倍以上の価格で売れる

※価格はあくまでも目安。樹種や品質、地域によっても差がある

イラスト＝キモトアユミ

写真＝高木あつ子

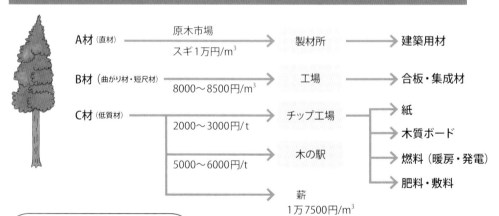

人気の集成材ってなに？

集成材は今、強気

自伐林家がやっていけるためには、B材やC材がそこそこの値段で売れるかどうかがポイントになりそう。集成材にはB材もC材も使えるみたいだが、いくらで売れるのか、そもそも集成材ってなに？

調べてみると、集成材は丸太を一度板にして、それを貼り合わせてつくるものだとわかった。不都合な部分は取り除けばいいので、多少曲がっていたり、節やキズがあったりしても大丈夫。ふつうはB材を使うけどC材でも問題ないようだ。貼り合わせる板の数や種類を変えると厚さや強度、形も自由自在に調節できて、建築業界からも引っ張りだこ。今や、木をそのまま柱に使う「無垢材」より好まれることもある。

今のところ国内で生産される集成材の原料はほとんどが外材。だが国産材を使う集成材工場もじわりじわりと増えつつあるから、これまで切り捨て間伐で山の中に放置されていた材を搬出すれば、この需要に食い込めるかもしれない。原木の買い取り価格もB材で7000〜8000円/m^3と悪くない。

小さい林家は相手にされない

ただしB材やC材を扱う集成材工場や合板工場、チップ工場はとにかく大規模。製造ラインの稼働率が悪いと赤字になる。素材調達は特定の森林組合や大規模事業者と直接契約しているところがほとんどで、小規模の搬入などはまったく相手にしてくれないらしい。

また木は輸送コストが高いので、工場が遠いと結局運賃がかさんでしまうのもネック。

小さい林家がB材やC材をふつうの流通にのせるには、森林組合の協力が必要だ（30、31ページ）。

個人で売るならやっぱり薪ということになりそうだ。

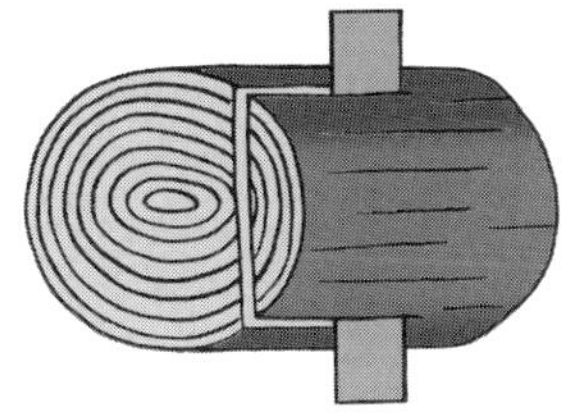

丸太

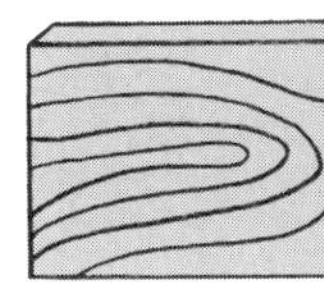

ラミナ（挽き板）

厚さ2〜3㎝の板。乾燥施設で含水率15％以下までしっかり乾燥させることで、製品になったとき曲がったり割れたりしにくくなる

集成材

木目（繊維の向き）を揃えて接着剤でラミナをがっちりつなぎ固める。柱や梁に使う構造用集成材と、壁や床、家具に使う造作用集成材がある。頑丈で、確かな品質のものを大量につくれる工業製品のような木材だ

（写真提供＝赤堀楠雄）

CLTも注目だ

ラミナの繊維の方向が直交するように重ねて接着した大判のパネル。きわめて強度が高く、ヨーロッパでは鉄筋コンクリートに代わる構造材として注目されていて、日本でも集成材メーカーの銘建工業㈱を中心に国産のスギ材でCLTの開発を進めている

（写真提供＝銘建工業㈱）

イラスト＝アサミナオ

境界がわからないので、
うちの山の広さが実際
どれくらいあるのかも
わからないんです
山に詳しい地元の
古老が元気なうちに
境界を確かめないと、
持ち山が行方不明に
なりますね
名古屋市
愛知県
(旧鳳来町)
(旧作手村)
新城市

山の探偵に聞く
──うちの山の境界を探すコツ

愛知県新城市《しんしろ》

文＝編集部　写真＝大西暢夫

えっ!?
境界がわからないと、
木も切れないし、
森林組合に間伐を
頼むこともできないの？
チュ

「山を持ってはいるけど……、どこまでがうちの山なのだろう？」

いま、そんな人たちが全国いたるところにいる。

相続をきっかけに、山の境界線を確定しようと「山の探偵」に依頼した愛知県新城市の山主たちを訪ねた。

四十数年ぶりに戻ってきた

最初に訪ねたのは、豊岡引地集落（旧鳳来町）の伊藤直樹さん。定年退職で四十数年ぶりに地元に戻ってきた方だ。

兼業農家の父親が亡くなり、実家の16haの山を相続したのは14年前。三重県四日市市に暮らす現役のサラリーマンのときだった。

境界を確定したい人

伊藤直樹さん
Uターン2年目。14年前に16haの山を相続したが、境界不明なところは間伐を頼めないので、高橋さんに境界調査を依頼

境界の確定について教えてくれる人

高橋 啓さん
NPO法人「穂の国森林探偵事務所」代表。東三河地方を中心に山の境界調査や不在山主を探す「山の探偵」だ

高橋さんのハンディGPS。山の中は障害物が多く人工衛星の電波を拾いにくいので、山に入る前に電源を入れて衛星を十分に捕捉しておく

「相続したといっても仕事が忙しかったからね。とても一人じゃ山の手入れはできないし、この際地元の森林組合にあずけようと10年ほど前に相談に行ったんです」

　ところが、「境界線が不明なところの木は切れません。間伐の補助金申請もできないよ」とキッパリ。山の境界線が確定しなければ、施業委託はできなかったのだ。このままでは持ち山が行方不明になる⁉ 先々、息子にも安心して相続できない。

　定年退職で本格的にUターンした際、伊藤さんは役場でふと「間伐や境界確定のための予算は何かないですか？」と聞いてみた。「ああ、それなら2年前から始まっている『森林整備加速化・林業再生事業』というのがあります。境界明確化に対して4万5000円／haの助成が出ますよ」との答えでラッキー。「やっぱり山の境界のことは森林組合に相談するのがいいんでしょうか？」と聞いて「2年前にこの予算で境界確定を請け負った団体がありますよ」と紹介されたのが、NPO法人「穂の国森林探偵事務所」の高橋啓さんだった。

　高橋さんは、19年前にIターンで新城市に来て、地元の森林組合に勤めていた経験もある。伊藤さんはさっそく補助事業を使って高橋さんに境界確定を依頼したというわけだ。

境界を探す

　今回、高橋さんと境界を調べるのは、自宅から1㎞ほど離れた4・3haの山だ。高橋さんが事前に森林計画図を取り込んだハンディGPSを持ってきたので、それを頼りに山の中を一緒に歩く（森林計画図については73ページを参照）。

地形や樹種などから判別

　やがて「この辺りですかねぇ」と、川が流れる沢の前で立ち止まった高橋さんが、GPSのボタンを押し、位置情報（緯度・経度）を記録した。谷や尾根、岩など、地形が変わるところは境界の可能性がもっとも高いからだ。

「あっ、川の向こうはうちのスギですよ。あそこに石垣の棚田があるで

境界の見分け方のコツ

境界木
がある

スギの幹にペンキで書いた「ヤマショウ」のマークを発見！「これはお隣の山主の屋号ですね」と伊藤さん

地形
が違う

写真中央の沢を隔てて、左右で山林の所有者が分かれている

お隣さんの山

枝打ちしてあるので
スッキリ
枝打ちしていないので
幹の下のほうまで枝が

左右の木で枝打ちが異なっているので、この間が境界になりそう。ちなみに右が伊藤さんの山

手入れ
が違う

下草がフサフサ

地面を見ると左右で下草の伸び方が違っている

しょ。小学生のころ親父によく植林を手伝わされたっけ」。伊藤さんの記憶もよみがえってきた。

次に高橋さんが足を止めたのは、スギとヒノキが並んでいるところ。「ここを境に樹種が違いますね。境界がわかるようにと、先々代があえてヒノキを残したのかもしれません」。なるほど。でも、同じ樹種が並んでいる境界のほうが多いのではなかろうか？「そんなときは樹齢が手がかり。同じスギでも30年生と60年生では、木の大きさが明らかに違うので、所有者が異なっているかもしれません」

さらに手入れの仕方も注視すると、境界の手がかりになるそうだ。伊藤さんも「恥ずかしながら、うちのヒノキは枝打ちしてないもんで。お隣はきれいに枝打ちがされているので、この間が境界線ということですね」と納得。

見分け方は立木《りゅうぼく》だけじゃない。「この地方では、境界にアセビを残します。アセビは暗い森でも枯れることがないし、葉や茎に毒の成分があるのでシカなどにも悪さされない

樹種が違う
境界の目印にと先代が除伐せずに残したのかもしれませんね
サカキ
あそこが、さっき仮杭のテープを巻いたサカキですね
矢印の左がヒノキ（伊藤さんの木）で右がスギ（隣接者の木）、樹種が違うので、この辺りが境界線らしい

地番と隣接者の名前、仮なので「境?」と書いた。隣接者の立ち会いで境界の合意を得たうえで地面に杭を打つ

目印の木がある

境界らしき場所にサカキが1本立っていたので、仮杭（テープ）をつける

ので」と高橋さん。他にも石杭や幹に屋号が書かれた境界木など、現地の「動かぬ証拠」を見つけるたびに、高橋さんはGPSに位置情報を記録していった。

また、「境界であろう」と見分けた地点の木には、「仮の境界」という意味で、目印となるテープをつける。高橋さん曰く「これは、あくまで仮杭。後日、隣接者に立ち会ってもらい、合意となったら境界確定の杭を打ちます」

境界確定、記録する

さて次に訪ねたのは、作手《つくで》保永《やすなが》地区（旧作手村）の井上英之さん。娘に山を相続する日のために、伊藤さんと同じ補助事業で高橋さんと一緒に34haの山の境界を確定・記録した。

山探しは人探し

父親を戦争で亡くし、昭和28年、中学3年のときに祖父から山を相続したという井上さん。祖父に山のイロハを徹底的にたたき込まれたので、教員時代に山を離れた時期はあった

境界を確定したい人

井上英之さん
元高校の校長先生。娘に山を相続する日のために、34haの山の境界確定を依頼。境界木の屋号「ヤマシチ」が消えないよう、3年に1度は「木墨《きずみ》」と呼ばれるカーボンを固めたチョークで書き直す

境界確定とは

隣接者との立ち合いで確定した井上さんの境界の杭。境界確定とは、隣接者に立ち会ってもらい、境界確定の承諾書に署名・捺印してもらって確定の杭を打つこと。矢印の方向が井上さんの山林になる

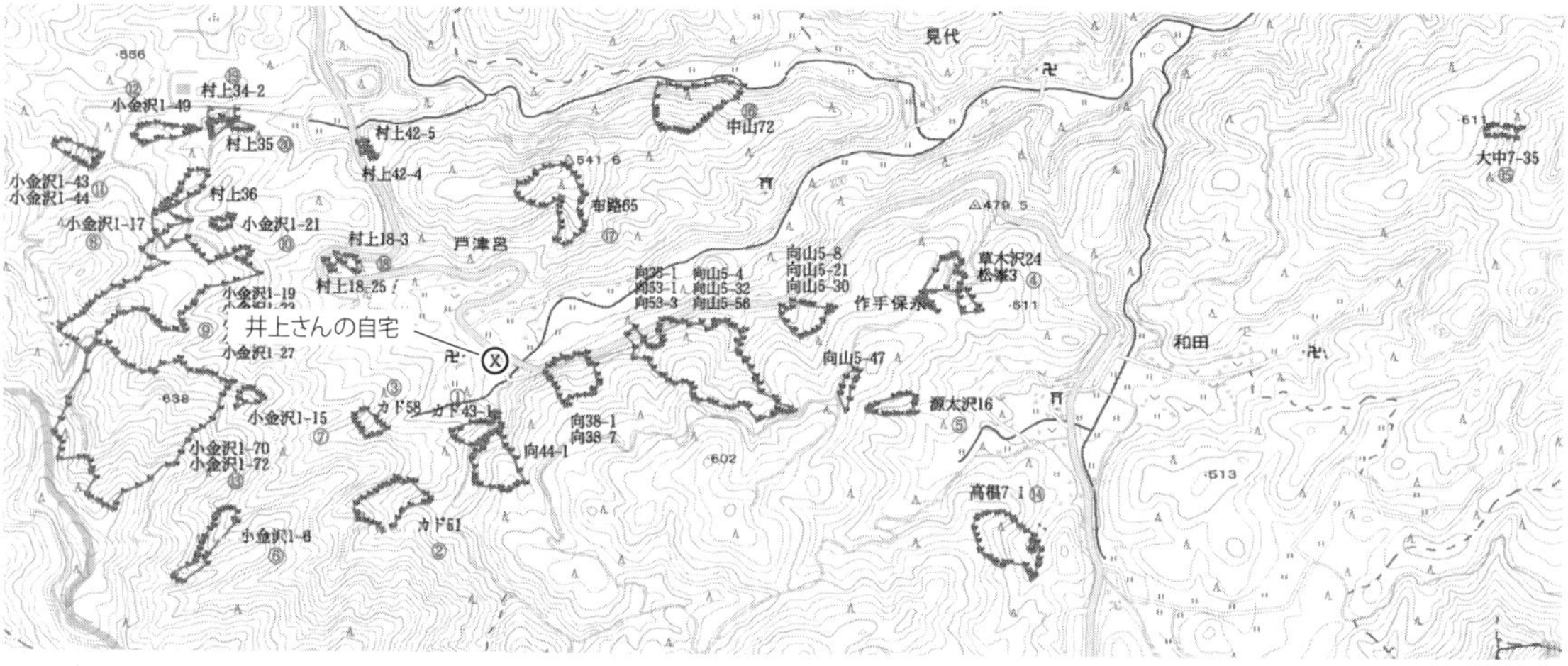

2012年7月から延べ9カ月かけて境界（所有界）を確定させた井上さんの山の分布。井上さんは立ち会った山主全員に確定した境界線の入った地図データを渡すように高橋さんにお願いした

ものの境界についてはしっかりと覚えていた。

それでも「山の境界（所有権界）は、隣接する山主の合意がないと、相続の際にトラブルの原因になるので」と高橋さんに境界確定を依頼したのだ。

34ha分の山の隣接者は、市の「土地台帳」や法務局の「登記簿」などから68人に絞られた。所在は保永地区が37人、新城市内19人、愛知県内8人、県外4人。地元に残っている人が多かったが、なかには登記が先々代のままで現在の山主がわからない場合や、山主は特定できても地元を離れたため連絡先が不明な人も出てきた。

そんなとき頼りになったのが、山に詳しい地元の古老や古い電話帳だ。高橋さんはよく「山探しは人探し」と言うが、井上さんは「同姓同名なら可能性はある」と積極的に電話をかけ山主を探した。

隣接者との関係を密にする

境界確定をうまく進めるには、隣接者との関係を密にすることがコツ

今回探した境界は、筆界《ひっかい》ではなく所有権界――高橋 啓さん談

今回、伊藤さんと歩いて探した山の境界線は「所有権界」です。これは法務局の公図（課税台帳の付属地図）の境界線（筆界）とは別のもの（公図については73ページを参照）。

筆界は地図上に一筆ごとにまっすぐな線が引かれていて、土地所有者は筆界ごとにだいたい明確になっています。固定資産税などもこれをもとに登記簿（土地台帳）の面積から算出されているわけですね。

じゃあ「境界線不明の山などないのでは」と思うかもしれませんが、実際の山林上ではこのまっすぐな筆界が通用しない。尾根や沢があったり、大きな岩があったりして地形が入り組んでいるので、隣接する山主どうしで話し合って実際の境界線を決めます。それが「所有権界」です。家々で継いできた山の境界ですので、不明にならないよう記録に残したいですね。

所有権界を特定して記録するにはGPS（全地球測位システム）が便利です。人工衛星から電波をキャッチして現在の位置情報（緯度・経度）がわかるシステムで、カーナビでお馴染みですね。

最近は携帯電話にもGPS機能がついていますが、山の中は木など障害物が多いのでうまく電波を受信できません。山登り用のハンディGPSがオススメですよ。

所有権界
Aさん
Bさん
筆界

イラスト＝河本徹朗

筆界と所有権界

筆界は公図上の公の境界線。図のようにAさんとBさんの土地がまっすぐな線で区切られている。一方、地形などに沿ってAさんとBさんが話し合って、当事者間で決めた実際の境界線が「所有権界」。これは紳士協定で法的根拠を持たない私的な境界線

筆界は固定資産税に使われる
登記簿上の境界線であって、
実際に木を切るときに必要となる
のが所有権界ってことだね

と井上さんは言う。日ごろから顔を合わせる地元の山主ならいざ知らず、不在山主は電話一本で済ませるわけにはいかない。

井上さんは地元の寺を借りて説明会を開いたり、境界（仮杭）の現地立ち会いを実施して、山主どうしが顔を合わせる機会をつくった。

現地立ち会いは２０１２年12月から4カ月間、該当者には事前に手紙を送って参加希望日を調整し、15回に分けて行なったそうだ。

現地では、境界の仮杭を真ん中にして井上さんと隣接する山主が所有地側に並び証拠写真を撮影。立ち会う仮杭は1人平均15〜20本、なかには互いの主張にズレがあり、1本確定するのに別隣りの山主も交え4日かかった人もいたが、「それは山が大切な資産という思いの表れ。無関心でいるよりよっぽどいい」と井上さんは考える。

その後、境界確定の承諾書に署名・捺印してもらって確定の杭を打つ。結果、井上さんの山には７００本ほどの杭が打ちこまれた。

便利なハンディ GPS レンタル

文・写真＝今西秀光（奈良県吉野町・吉野森林管理サービス代表）

GPSレンタルの流れ

「吉野森林管理サービス」に連絡
レンタル料を指定口座に入金
（2泊3日で2万円、4泊5日で4万円）

↓ GPS発送

【レンタル開始】
「取り扱い説明書」を読んで、
山を歩きながら測量
【レンタル終了】

↓ GPS返却

GPSの記録をもとに、
吉野森林管理サービスが山林地図、
位置情報一覧などを作成

↓ 印刷物・CD発送

山を相続する際の資料に活用

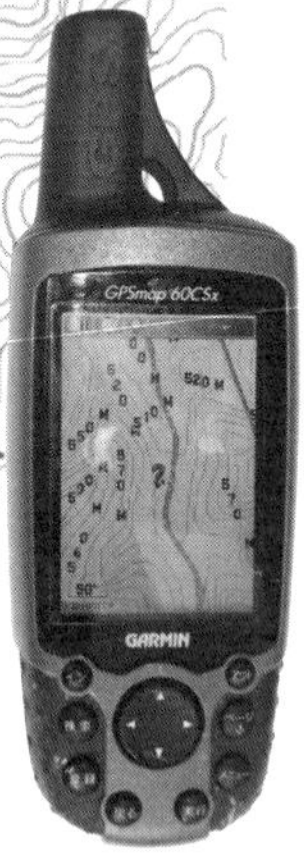

レンタル用ハンディ GPS Map60CSx（ガーミン社）
5万円ほどでインターネットなどでも購入可能

吉野森林管理サービス
奈良県吉野郡吉野町三津62　☎0744-46-4233
http://www.yoshino.jpn.org/

自分で測って地図にできる

私どもは、山主から育林や伐採・搬出、山の管理のすべてを任される「山守《やまもり》」という吉野地方独自の制度のなかで、現在は合わせて約300haの山林経営を任されています。

山守も高齢化し、「山守が亡くなって境界線がわからなくなった」「相続したくても場所すらわからない」という山主からの相談が増え始めるなか、ハンディGPS（2万5000分の1の日本地形図をセット）レンタルと、カシミール3D（無料の地理情報ソフト）を使った境界線地図の作成サービスを始めました。

使い方はいたって簡単。山林の境界線上でGPSの記録ボタンを押すだけです。境界が直線のところは、大体20～30m間隔でポイントしていきますが、木に屋号などの「書き付け」や「ペンキ巻き」のマーキングがあるところ、境界線が大きく曲がったり折れたりするところでは、細かく位置情報を記録していきます。境界線に沿って山林を一周すれば完了。境界線が明確なら1日当たり10～15haくらいは測量できると思います。

GPSの返却後は、弊社で記録された位置情報を取り出し、カシミール3Dの地図（国土地理院の2万5000分の1の地形図）上に境界線を重ねて印刷。データを記録したCDと併せて依頼主にお渡しします。このデータさえあれば100年後も山林の位置がほぼ特定できます。

境界線の手がかりとなる「山の地図」を入手するには？

まとめ＝編集部

公図

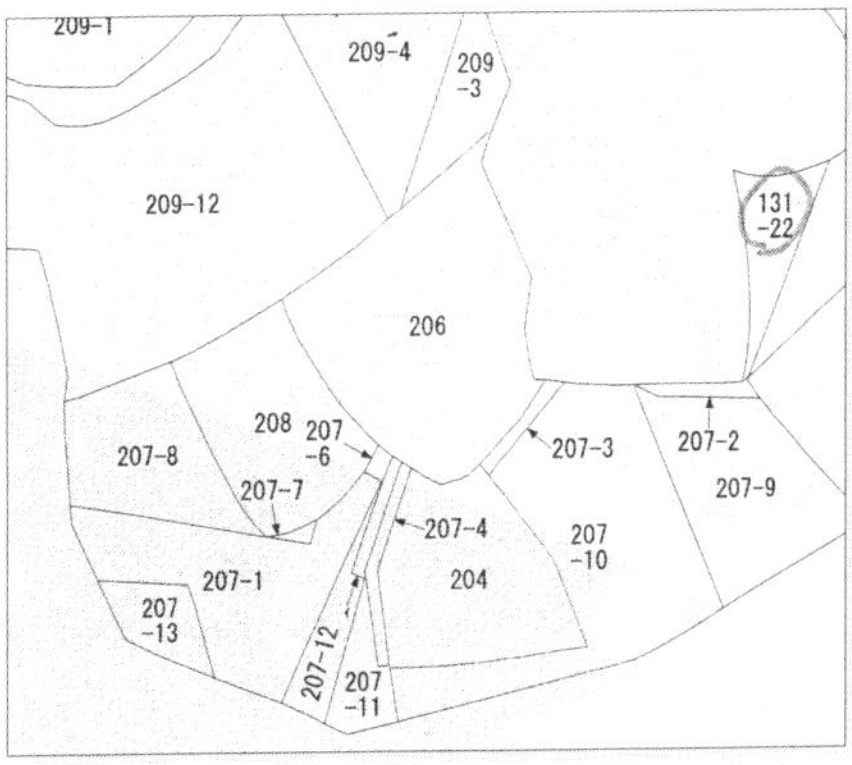

これが公図。税金の課税根拠となる土地台帳（現在の登記簿）の付属図面。一筆ごとに地番で分かれているので境界線は「筆界」を指すが、そのほとんどが140年も前、明治時代の地租改正時に引かれた図面だ。しかも、測量は村ごとに住民に任されていたので「土地の面積が大きいと、税金が高くなる」と、わざと小さく測ったという話もある（山林は実測すると3倍以上の面積のところも）。筆界のおおよその形や地番、隣接者の位置関係はわかるが、縮尺や面積はかなりあいまい。地籍調査での正確な測量が待たれる。

●都道府県の法務局で誰でも閲覧・コピーが可能（1筆300～500円）

地籍図

（縮尺1000分の1または2500分の1）

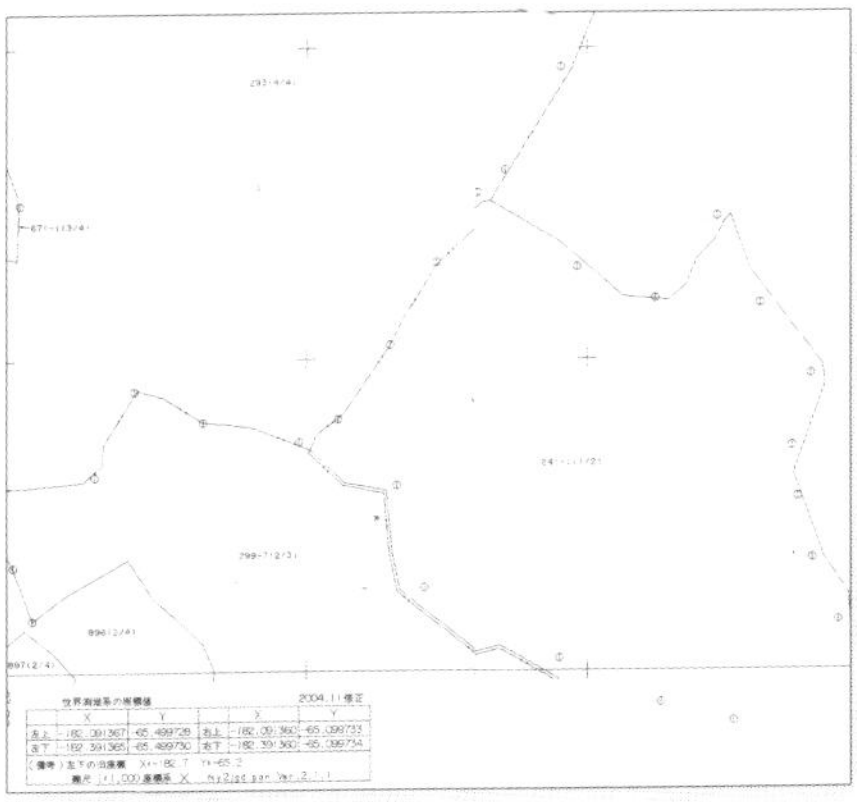

国土交通省が管轄する地籍調査を行なった際、各市町村が作成する。1筆ごとに隣接者の立ち会いで所有権界と筆界を一致させて測量。境界・面積・形状などを正確に示す地籍簿と地籍図ができる。土地所有者の確認・申請後、法務局に送られ登記簿と公図が修正され、固定資産税の課税額も変更になる。不動産登記法上では「第14条地図」と呼ばれる地図。

この地籍図は境界の位置情報（緯度・経度）が入っていて信憑性が高い。これがあれば、境界線問題は解決するはずなのだが、1951年にスタートした地籍調査の進捗率が50％程度となかなか進まないのが問題。

●事前に申請書を市町村役場に提出すれば、誰でも閲覧・コピーが可能（1枚300～450円）

森林計画図

（縮尺5000分の1）

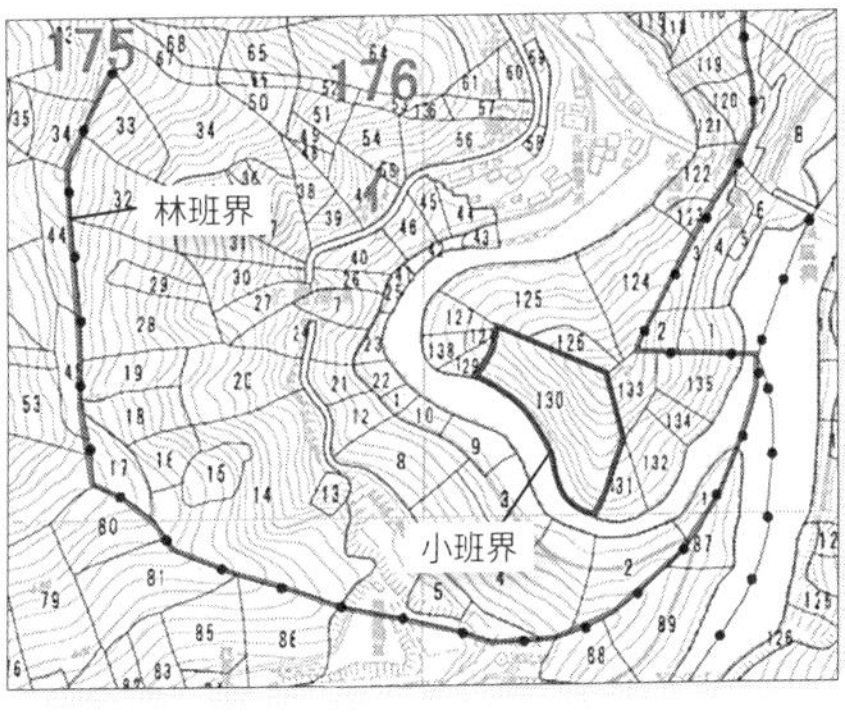

都道府県知事が5年ごとに立てる「地域森林計画」の付属地図で、都道府県の林務部局が作成。航空写真や衛星画像をもとに、地形や林相（樹種・樹齢）、地番などで小班界、準林班界（5ha程度の字単位）、林班界（50ha程度の大字単位）を設定する。森林の位置や施業の便で区分けされたものなので、筆界や所有権界とは必ずしも一致しないが、谷や尾根、林相の違いは境界探しの重要な手がかりになる。

●都道府県の林務部局、市町村役場の林務担当課または森林組合に置いてあるが、森林所有者本人か本人から委託された人でないと閲覧できない（1枚300円ほど）

※公図や地籍図は課税のために、森林計画図は林業施業のために作成された地図と考えることもできる

軽トラ林業の講習会

「サラリーマン林太郎」に行ってみた

山形県鶴岡市・温海《あつみ》町森林組合

文＝編集部　写真＝奥山淳志

30ページの温海《あつみ》町森林組合の「軽トラ林業」に興味津々。軽トラとチェンソーがあれば、2mの短尺材を自分で出しておカネにできるんだろ。温海町で、これから自分の山を手入れして、木を出してみようという山主さんの講習会があるっていうから見に行ってみたよ

ガイドバーの腹の部分から切り込む

「チェンソーを買ってはみたけど、まだちょした（使った）ごどねー」という参加者がほとんど。「腰より低い位置に構えで、左肘を膝にのせっど安定すっから」。森林組合のベテラン作業員に教わって玉切りに初挑戦。ガイドバーの先端を木に当てるとキックバックする（はねかえる）ので、腹の部分を使って切り込むのがポイントだそうだ

集まった参加者は、現役バリバリのサラリーマンから定年退職者、女性や小学生まで総勢24人。「サラリーマン林太郎」は、「やまがた緑環境税」を使った事業なので、昼食までついて参加費1500円とかなりお得

林業と焼畑農法の「温海かぶ」が盛んな温海地区は、総面積の9割が森林。ほとんどの山主が5ha未満と規模は小さい

午前中は、間伐の講習。3.5m幅の林道が完成する2015年から温海町森林組合が搬出間伐の施業を請け負う山だ。戦後植林した50年生のスギ山で、太い木も細い木も混在して林立している。先代の山主が下草刈りと除伐まではしたが、枝打ちや間伐は一度もしていないそうだ

幹がヒョロヒョロだったり、枝が枯れ上がった木を選んで切る。「組合のチェンソーは目立てしてっから、よぐ切れんなー」

正確な方向に木を倒す

「木は『受け口』の方向に倒れっがら、ねらった方向に、受け口は正確につけるごった」。ベテラン作業員が見本を見せる

受け口の高さの$\frac{2}{3}$程度
下切りは材の直径の$\frac{1}{4}$〜$\frac{1}{3}$ほど

「受け口」の切り込みの深さは、材の直径の4分の1〜3分の1ほど。反対側から水平に切り込む「追い口」は、素人は高めに入れたほうがいい。つるが高くなってゆっくり倒れるので安全

追い口にクサビを打ち込んでカンカン叩くと、お見事！　ねらいどおり、木と木の間に正確に倒れた

この日は林内作業車も見本で登場。ウインチの滑車から延びるワイヤーを丸太にかけ1本ずつ材を集めた。幅1.5mの林道でも入れるので搬出に便利

枝葉を落とした木は、元口からメジャーで長さを測って2mごとにカットしていく。これは「軽トラ林業」の出荷規格で、ちょうど軽トラに積める長さだ

道が近い森なら軽トラには人力で積めばいい。直径20cm、長さ2mの材をかまぼこ型に積むと、だいたい1m³になるそうだ。温海町森林組合の買い取り価格だと、軽トラ1台3500〜4000円くらい。1人で3往復して1万円稼いだ70代男性もいる

軽トラで 2m材を出す

森林組合の土場に積まれたスギの2m材。これを組合所有のラミナ挽き工場で加工する

温海町森林組合の2m材の買い取り単価

長さ	末口径	1本単価（税抜き）	参考（m³単価）
2m	14cm	150円	約4000円
	16cm	200円	
	18cm	450円	約7000円
	20cm	560円	
	22cm	670円	
	24cm	800円	
	26cm	1000円	約7400円

・材種　スギ
・長さ　2m＋10cmまで
・曲がり　矢高（最大寸法）5cm以内
・その他　割れ、腐れ、虫くいなどは条件あり

2011年から始まった「軽トラ林業」は、森林組合がラミナ（集成材の原板）に利用する材を買い取ることで成立している。末口径14 cm以上のスギ丸太を2mに造材して持ち込めば即現金化してくれる。1本からでも買い取りOK

スギ丸太で ベンチをつくる

午後からは、それぞれが持参したマイチェンソーで1人1台の丸太ベンチづくりに挑戦。辺りはたちまち轟音に包まれた

皮をむくと木が腐りにくく、長持ちするようになる。木によっては手で引っ張ってもむけるが、頑固な皮はナタを使う

ベンチづくり最大の難関。ベンチの脚に座席をはめる部分をチェンソーで削ってつくる

森林組合の菅原忍さん（32歳）は、息子の健成くん（小2・右）と太陽くん（小1）の夏休みの自由研究の作品づくりに大奮闘。明後日の新学期に間に合って、ニッコリ

偶然、定年間近の同級生同士が再会。石塚治人さん（58歳・左）は、8年前に山林9haを相続。「親父がずっと手をかけてきた山だから、できるところは自分でやってみたい」。講座皆勤賞の加藤重也さん（59歳）も「晩酌代くらいは稼げるべ」と

いつ、どんな目安で間伐すればいい？

文＝編集部

間伐した

未間伐

写真＝高木あつ子

高山治朗さん（8、60ページ）

見てくださいよ。下から見上げると、こんなに明るくなったんです。4年前、Uターンで戻ってきたときに間伐したところです。15年生くらいのときに3割減らしました。やらなかったほうは、昼間でも薄暗いですねぇ。

明るい山は気持ちいい。おかげで最近は下草も生えてきました

間伐って大事だよねー
でも切り方ってもんが
あるんだろ？

伊藤直樹さん (66ページ)

ひどいことになってますねえ。勤めで実家を離れていたので、50年前に父が植えたきり一度も間伐していない山です。真っ暗で木がヒョロヒョロ。

台風や大雨で土が流されたときに、根っこから倒されたんでしょうね。山に保水力がないのが気になってます。いつか土砂崩れが起きるのではと心配で……。

早く境界線を確定して、少しずつでも間伐を進めないといけませんね

写真=大西暢夫

木の高さと直径のバランスを見よ

僕が間伐の必要性を実感したのは昭和56年（1981年）の「五六《ごうろく》豪雪」のとき。旧美山町のスギが軒並み折れて、43億円の被害が出ました。「なんで、雪降ったくらいで木が折れるんや」と思って勉強すると、木の高さと直径のバランス（形状比）が崩れてる。これが間伐不足の証拠でした。

植えるときは1ha2500本と多く植えて、競合させて木をまっすぐに育てる。でも100年たって木を切るときは1ha300本でしょ。2000本以上は抜くことになる。

植えてから20年までは意外と折れにくいんですが、20～40年生は雪で折れやすい。直径30cmになるまでが弱いから、そこまではちょくちょく間伐してやること。

間伐の目的は木の上のほう、つまり樹冠部が重ならんよう空間をあけてやることやね。

下の写真は間伐不足の山の斜面によくある木。日が当たる側にしか葉がなくて、反対側は枯れ上がってるでしょ。
こういう木は雪が積もるとバランス崩して折れやすい。切ってみると年輪が偏ってて美しくないから、値段も下がります。斜面の木でも、ちゃんと間伐して「疎」にしておれば左右バランスよくなるし、年輪も揃うんやけどね。まあそういうのが「技術」ってことや

福井県の指導林業士も務める
八杉健治さん
（31ページ）

写真＝尾﨑たまき　イラスト＝キモトアユミ

木の形状比を70～80以下に

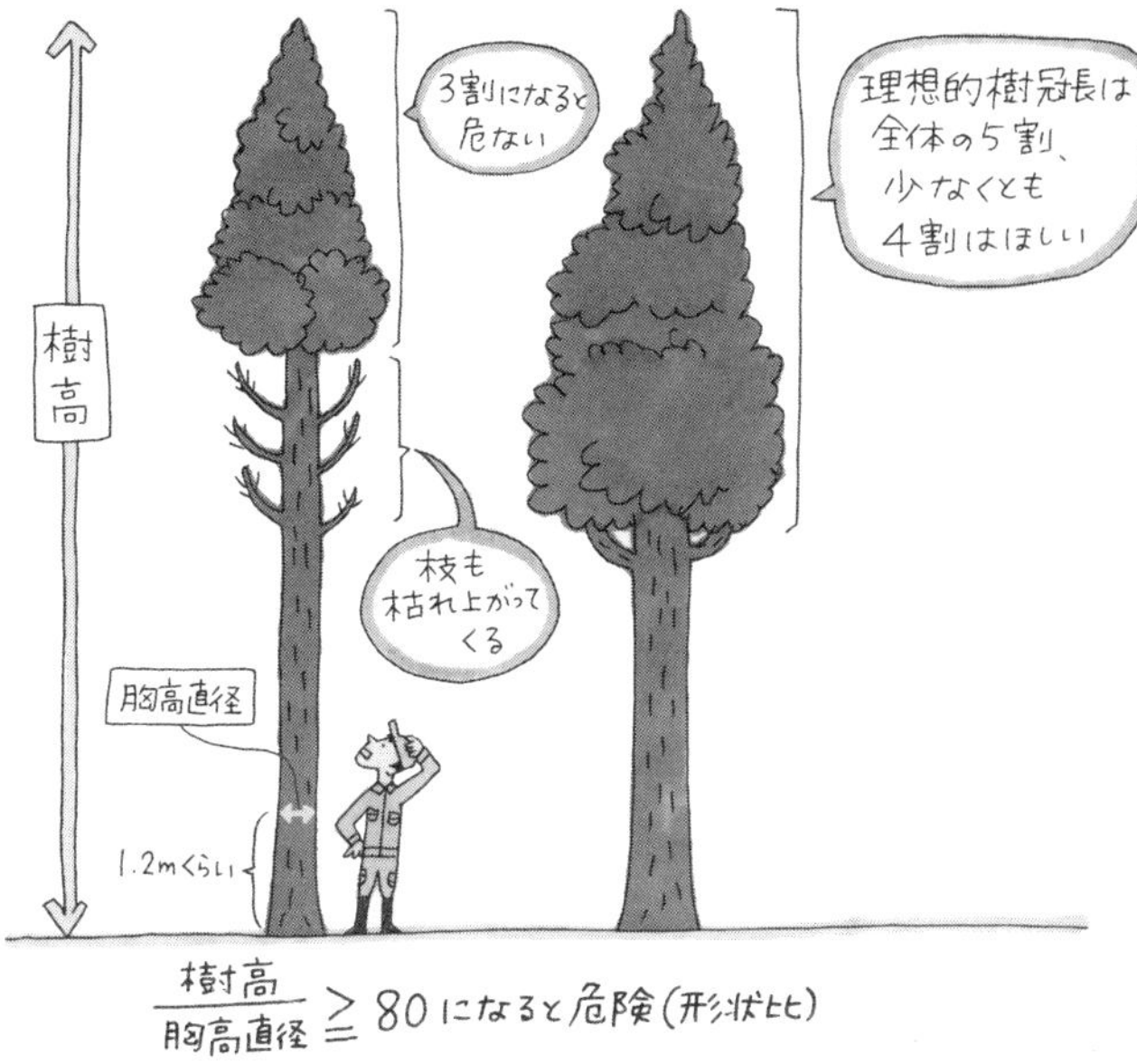

混んでると、上の図の左みたいな細い木になります。下から枝が枯れ上がって葉が少ない。その分、根張りも悪いから、雪や暴風雨で折れやすい。土の保持力も低くて表土が流されやすい（79ページの愛知県の山の写真参照）。まあ福井県の場合は、細い木は雪で自然淘汰されてしまうから、表日本ほど真っ暗な森にはならんのですが。

形状比の目安は80以下といわれとりますが、僕は70以下にしたい。10mの木なら15cm、20mの木なら30cmくらいの胸高直径があれば、雪で折れたりせんのです

樹高を小枝で測る方法

最初に1mなら1mの高さで木に印をつけ、その長さに目安の小枝が合う場所に立って、木の上まで全体で何本分になるかを見る

木を切るところを見に行った

長野県上田市・信州樵《きこり》工房　熊崎一也さん

文＝編集部　写真＝高木あつ子

この日、熊崎さんは集落の裏山から少し奥へ入った辺りで木を切っていた。つい数日前、長年不在地主だった人から「うちのところもお願いします」と施業委託を受けた2反ほどのスギ林だ。荒れた山の手入れは手間がかかるが、ずっと手を出せずに見ていた一角なので、熊崎さんとしては少し嬉しい。

上のほうで二股三股に分かれている木が多いのを指差して「あるとき雪害でいっせいに折れたんじゃないかな。でもこうなってるのもこの一角だけだから、その頃からすでにここは過密で弱く育ってたんですね」。

そう言われても、素人にはやはりどれも同じような木にしか見えないことを改めて確認。何もかもが新鮮な一日となった。

上：チェンソーで受け口と追い口を入れて
下：クサビを打ち込むと、あっさり木が倒れた。一瞬だ

林業のこと・山の現場を教えてもらいたくて、信州樵工房の熊崎一也さんの仕事を見に行ったよ。
熊崎さんは「小さい林業のほうが、山は断然おもしろい」って言い続けている人で、自分の山は持たず、14haの山を買って管理しているんだって

木は断面がきれいに2色に分かれる。真ん中の濃い部分が心材（赤太、赤身ともよぶ）、周囲の白い部分が辺材（白太）。材としては心材部分が多いほうが喜ばれる。心材はすでに生命活動を休止しており、虫や菌も入りにくく、狂いが少ない。辺材はいまだ生長中の部分。
また木は太さもある程度大事だが、年輪幅は狭いほうが目が詰まって硬く「いい材」とされる。方角によって年輪幅に極端に差が出ないよう間伐や枝打ちで調整するのが管理技術。販売はたいてい直取引。この日は「径20cm以上のスギ材ならいくらでもほしい」という製材屋さんに持っていった

倒した木から、チェンソーで枝葉を落としていく。この後、腰に常備しているメジャーで長さを測り、3〜4mごとにカット

かかり木を倒す

押しても引いてもビクともしない

はるか上を見上げると、隣の木とフジづるでつながってしまっているのが見えた（⇧が切った木）

仕方なく、切り株から叩き落として引っ張ったら、ようやく重みでつるが切れた。立っているほうの木にも、きっとダメージ大

見渡してみると、他にもつるが巻きついた木がたくさん。「春、フジの花がきれいな山は荒れた山」と聞いたが、なるほどと納得。
熊崎さんは数日前につるの根元を切ってまわり、全部枯らしたつもりだったのだが、まだ勢いを失っていなかったようだ

バックホーで運ぶ

「小さい林業」を標榜する熊崎さん、普段はこの小さい中古のバックホーを愛用する。本体は50万～60万円だが、林業機械特有の「グラップル」というハサミ部分のアタッチメントが高く、40万円くらいするそうだ。

この日、熊崎さんはチェンソーを持つよりバックホーに乗っている時間のほうがずっと長かった。林業は、じつは「木を切る仕事」より「運ぶ仕事」のほうが圧倒的にウエイトが大きい

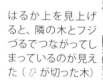

Husqvarna

木をねらった方向に確実に倒せるT字型定規

宮崎県高千穂町・飯干福重《いいほしふくしげ》さん

文＝編集部

T字型定規で受け口の角度を確認する飯干さん。イネ、夏野菜、シイタケのほか、和牛繁殖、山林28haの農林畜産の複合経営

山で木を切るとき、怖いのは木の倒れる方向。間伐していない山林は木が密集しているので、わずかな隙間をねらって倒さなければならない。間違って隣の木に引っかかってしまうと、危険な取り外し作業が待っている。

「間伐ちゅうのは、方向を決めて確実にそこに倒さにゃいかん技術が絶対にいっとですよ。全国の大方の人が、経験と勘でやっておりますけど、私の使ってる道具があれば誰でもねらった方向に倒せます」という飯干福重さんが考案したのが、写真のT字型の定規。薄いアルミの板をグラインダーで加工してつくった。

木は基本的に受け口の切れ目に対して90度の方向に倒れる。T字型定規は、受け口が倒したい方向に対して正確に90度になっているかを確かめることができる。単純な道具だが、これがあると効率と正確さが一気に上がるという。

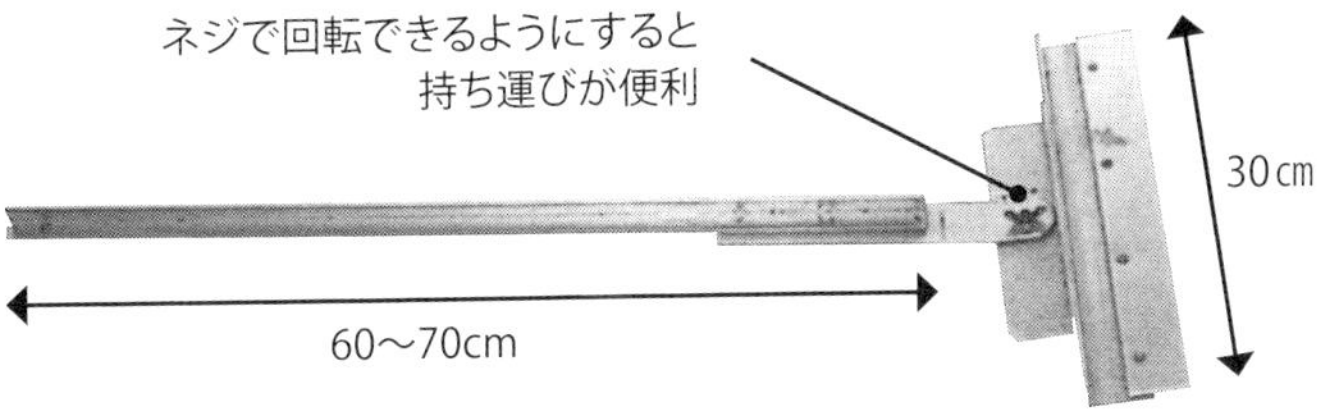

T字型定規。薄くて軽くて丈夫なアルミの板を使用

T字型定規を使った木の切り倒し方

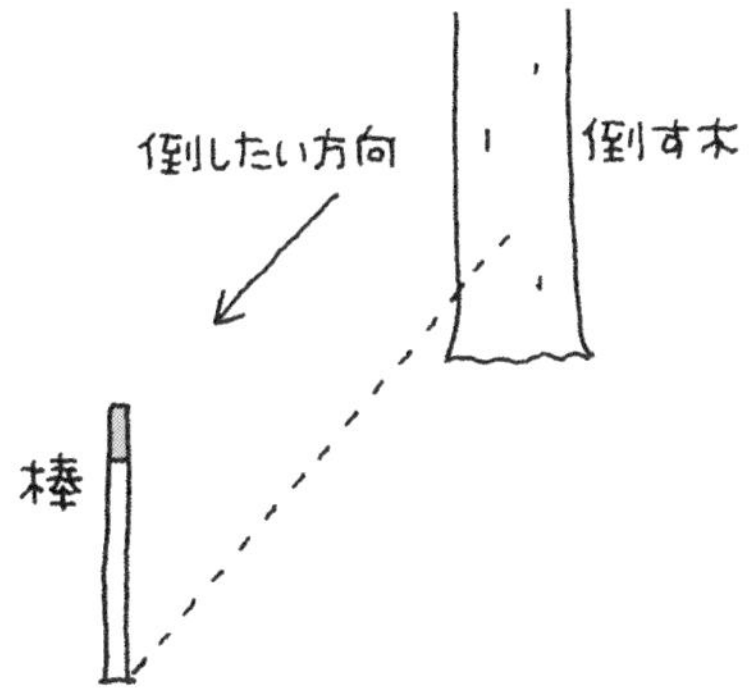

❶木を倒したい方向の延長線上に、目印となる棒を立てる

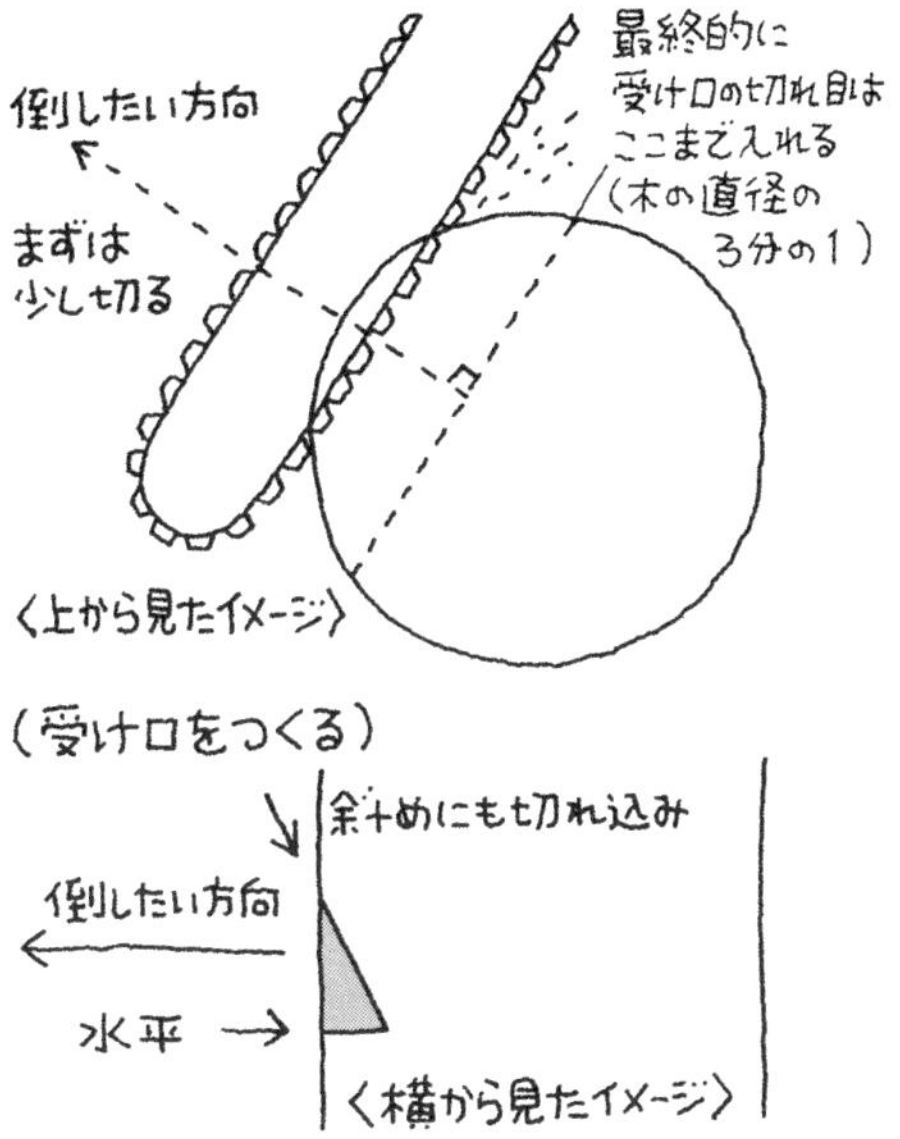

❷倒したい方向と90度の角度になるようにチェンソーで切れ目を少し入れる（受け口をつくる）

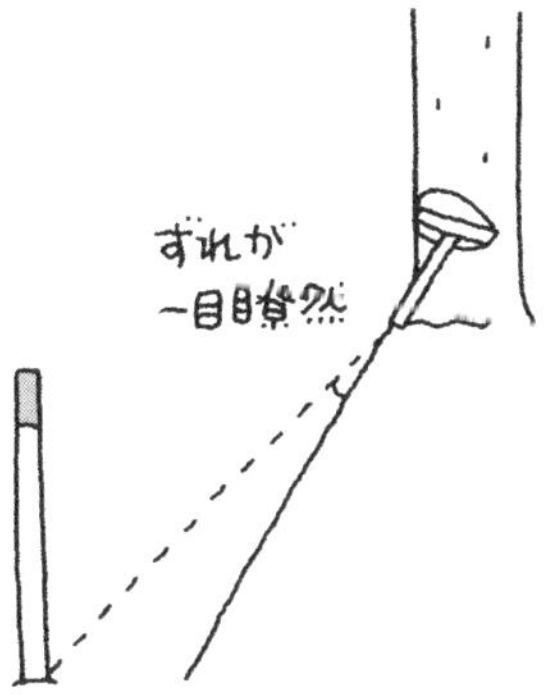

❸T字型定規を切り口にあてて定規の先が目印を指しているか確認。ずれていたら微調整し、正しい角度で木の直径の3分の1まで受け口をつくる

❹受け口と反対の方向からチェンソーで切れ込みを入れていき（追い口をつくり）、クサビを打って倒す

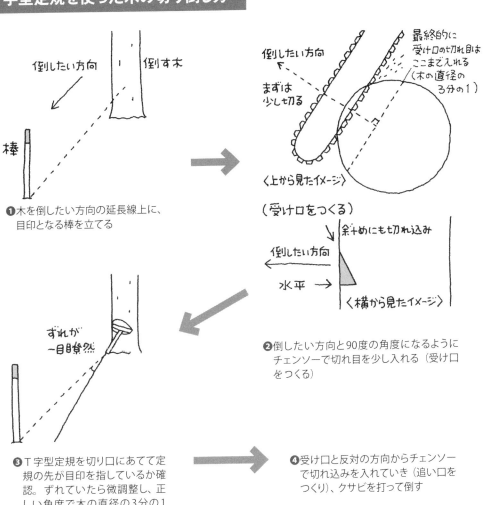

荒れた山を甦らせた
鋸谷《おがや》式の強間伐

群馬県藤岡市・金沢なほみさん

文＝編集部

「きづきの森」に集まったメンバー（左端が金沢さん）。金沢さんの山林10haのうち2haを鋸谷式間伐で管理

木の皮をはいで間伐

木の根元近くに切り込みを入れ、そこから勢いよく外皮を上方向に持ち上げる。ベリベリベリッと音をたてながら、皮は鮮やかにはがれていく。なんとも小気味のいい作業だ。皮の下からはツルッツルの木肌が現われ、やがて水がにじみ出てくる。その水をなめてみると甘い。思わず幹に口づけ、なんて人まで現われた。

これでもちゃんと間伐作業をしている最中のひとコマなのだ。皮をはいだ木をそのまま放っておくと、ひとりでに枯れていくので、間伐と同じ効果が得られる。その名も「巻枯《まきが》らし間伐」。森林インストラクターの鋸谷茂*さんがすすめる「鋸谷式間伐」の重要な部分でもある。

この巻枯らし間伐なら、木を倒さないので、素人にもできるし、極端な話、子どもでも楽しめてしまう。金沢なほみさんもまた、その魅力に惹かれたひとりである。

参加者を募って山管理

標高591m。群馬県は藤岡市、

＊鋸谷茂さん
元福井県林業改良普及員、森林インストラクター。「鋸谷式間伐」などの新しい山づくりを提唱。著書に『図解これならできる山づくり』など。

桜の名所で知られる桜山公園のちょっと下に金沢さんの山はある。ここを金沢さんは「きづきの森」と称して、山仕事をしたい人たちのために無料開放している。というより、「自分の山の管理を手伝ってもらっている」。

毎月第1と第3日曜日になると、地元はもとより、東京や神奈川からも山好きの仲間たちが集まってくる。会員は10名ほどで、参加はその都度、自由。「よくある林業体験は年に数回ってことが多いけど、うちの場合は年に20回以上来てもらってる」と金沢さん。参加者からも「月2回はあっという間です。『たまに』という感じじゃないですね」とか、「『林業』に携われるからいいんです。環境論だけだと、ただの里山遊びになっちゃって長続きしない」という声が聞こえてくる。

おかげで金沢さんの山は、見違えるように生まれかわった。

とにかく山が暗い

「子どもの頃、山は誰のものでもないと思ってましたもんね。木なんて勝手に生えるもんだと……」

町場の出である金沢さん、嫁いだ先が製材業であっても、やっぱり山には興味が持てなかったという。やがて製材業は儲からなくなり廃業、そして山の管理も放棄。

「十数年前に夫がなくなったとき、相続の関係で自分の山を見に行ったんです」

真っ暗なのだ。細い木が密集していて、枝が折り重なり、光がちっとも入らない。地上には草1本生えていないし、先もよく見通せない。思わず金沢さん「えー!?」と思ったそうだ。森林組合に相談して、間伐をお願いすることになった。

「『できました』っていうから、見に行ったんですけど、相変わらず暗いんです。はじめ『間伐してないんじゃないかな』と思いましたもん」

それで金沢さんはもう一度、森林組合に足を運んだ。

金沢「前と変わらない気がするんですけど……」

森林組合「あれでも強めに間伐したほうだよ」

金沢「もっと間伐してください」

森林組合「あんまり切ると、木が風や雪に耐えられなくて倒れちゃうよ。まわりに支える木がないと」

通常、一度の間伐で切り倒す本数はせいぜい2割程度なのだ。「わたし、林業のこと、本当になんにも知らないなー」と痛感した金沢さんであった。山のことを本気で勉強するきっかけとなった。

手遅れの山には巻枯らし間伐

そんな中で巡り合ったのが鋸谷式の間伐方法である。鋸谷式の一番の特徴は、なんといっても、本数にして5割というその強間伐にある。ねらいは、森に光を呼び込むこと。光が入れば、スギやヒノキの下に草や広葉樹が生い茂り、表土を雨から守ってくれる。逆に地表に植物がなく、土があらわだと、すぐに土砂崩れを起こし、これが昨今の山林の深刻な問題となっているのだ。

ただ、頑強な木の揃っている場所なら強間伐も有効だろうが、ヒョロヒョロの木ばかりの山でそんなことをしたら、やはり風や雪のたびにボキボキ折れてしまう。そんなときでもご安心、奥の手「巻枯らし間伐」の出番である。皮をはいで形成層を外気にさらす、あるいは幹に1cm以上の切れ込みを入れて形成層を切断し、養分や水の流れを絶つ。木は立ったまま枯れるので隣で生きている木の〝支え〟の役割も果たす。間伐が遅れて、どうしようもなかった金沢さんの山には、おあつらえむきであった。

そんなわけで、金沢さんは鋸谷先生に自分の山に来てもらい、参加者も募って講習会を開いた。以来、鋸谷式の考えをもとに「きづきの森」の活動がスタートし、今に至る。インターネットでも会員を随時募集している。

全員マイチェンソー

「うちに来るのは会社を定年した人ばかり。本当に最初は、『ノコギリは、引くときに力を入れる』ってことも知らない人たちばかりでしたもんね」

それが今では、みんながみんな自分の山道具一式を買い揃えてしまうほどの熱中ぶりである。そして、

鋸谷式で強間伐した場所。光が差し込むので、下草が旺盛

間伐をしていない場所。暗くて、下草すら生えない

「オレのはコマツ製だ」「いや、こっちのほうが高性能だ」といった具合に、チェンソー談議。

「みなさん、ゴルフより楽しいとかいってますよ。ゴルフはさんざんやって飽きちゃったんでしょうね」

金沢さんの山管理の方針は「素人だけで、ボツボツやろう」である。「今日は選木だけにして、次回切ろう」といっていたかと思うと、「今日はかかり木（倒した木がひっかかること）になっちゃって、3本切って終わっちゃった」なんてこともままある。間伐が一通り終わってからも、自分たちの力で小屋を建てて「掘って建てるから『掘っ建て小屋』なんだ」と気づいたりもした。「マイペースですけどね」。それでも金沢さんの山には、スミレが咲き、草も青々茂るようになった。ドングリの木まで生えてきた。

従来の2割間伐は5年に一度のペースだが、鋸谷式は強間伐なので10年に一度でいい。「きづきの森」では、その10年が迫ってきている場所もある。「また間伐できる」とメンバーの腕が鳴る。

鋸谷式間伐のやり方

●残す木の本数を決める

50m²ごとに判断していくと、作業もやりやすいし、確実。釣り竿が大活躍

①平均よりもやや太い木をまず選ぶ（これは確実に残す木）
②①の木を中心に、4mの釣り竿をふりおろしながら円を描き、その中に入る木の本数を数える（4m×4m×3.14で50m²の本数を数えることになる）
③中心の木の胸の高さの直径を計算する（巻尺で円周を測り、円周率で割れば、直径が出る）
④下の表を参考に、残す本数を決める（中心の木も含む）

胸高直径と本数の算定表

胸高直径	14cm	16cm	18cm	20cm	24cm
半径4m円内に残す本数	10本	8本	6本	5本	4本

「木を残しすぎても、切りすぎてもダメ」という判断から導き出された表。詳しくいうと、胸高断面積の合計が1ha当たり30〜50m²なら、「込みすぎず、空きすぎず」でちょうどいい。そこから50m²に残す本数を割り出したもの。この表を釣り竿に貼っておくと、ひとめでわかるので便利。
（釣り竿の円内にある本数）－（残す本数）＝（間伐する本数）

枝打ち5mで大径材づくり

文＝春名達也（岡山県西粟倉村）

一番たいへんなのが枝打ち

枝打ちは5mでよい。といったら、木材生産に多少でも関心のある方からは「バカな木づくり知らず」といわれる。天に向かってすっきり伸び、高くまで枝打ちしてあり、先端に青葉をつけた筆状の木が群生しているイメージに逆らっているからであろう。

そういう私も、昔はそんな優秀林を目指して努力をしてきたし、見ればやっぱり美林だと思う。しかし、木育て作業で一番たいへんなのが、枝打ちである。若い20年生くらいのものならきれいになるのが楽しいとして、40年を超えるような木では三間（6m）、四間（8m）はしごを使用しなければならず、誰でもというわけにはいかぬ。「3K」の代表

筆者（79歳）と昭和23年に植え付けた木。枝打ち5mなので、胸高直径50cmと太い木に仕上がった。水田4ha、山林20haの経営

昭和23年植え付け。枝打ちは12mで胸高直径は36cm。枝打ち5mに比べると直径が劣る

作業なのだ。

枝打ち5m以下の木は台風でも倒れなかった

２００４年10月23日、西日本一帯が室戸台風以来の大型台風に襲われた。うちから近い兵庫県佐用町の住民は、朝、外を見たら目を疑ったそうだ。見慣れた森がそこにないのである。夜が明けるにつれて、次々と木が無残になぎ倒されて、赤い山肌がむき出し。倒木は重なり、絡み合って、近づけもせぬ。

ただ、この災害の中でも生き残った木が何本かある。８mも10mも枝打ちしてある木は細く、倒れてしまっていたが、３～５m枝打ちした太い木は倒れていなかった。また、木と木の間が狭いところは倒れ、空いているところは倒れていない。なぜ生き残ったか、そこに造林原理を見出したい。

太い木材を１本とろう

「枝打ちは５mでよい」は、木の伸長エネルギーを高価値材をつくるための蓄積に切り替える手法である。

木の商業価値は元口（根元に近いほう）の太さがすべてといっていい。長さは４mが基準なのだから、１本の木で４m規格を何本もとろうとせずに、枝打ちを５mにとどめ、下の１本だけとることにしたらどうだろうか。隣の木と枝が触れ合い、日光を求めて競うようなら、間伐して光を与える。

次男（２本目）も三男（３本目）もとろうとして枝打ちを高くすると、光合成量も少なく養分も分散されるので、幹が細くなってしまう。５m間伐で下枝を生かし、儲け（光合成で蓄えた養分）を長男に独占させようではないか。ビール樽（直径60cm）ぐらいの木材をつくろう。

５m枝打ちは金も手もかからない

何年おきかに枝打ちを繰り返し、５mの高さまで終えたら、そのあとは除間伐のみの管理でよい。除間伐は地上作業だから能率も上がるし、年中作業が可能で、コツはすぐ会得できる。

枝が重ならないような間伐を意識しておけば、それから先はもう自然がやってくれる。年々歳々休むことなく、養分の蓄積は重ねられ、50年でも１００年でも続く。やり方によっては森は手や金をかけなくてもいいようにできているのだ。木育てのおもしろいところである。

枝打ち5mなら木が太くなる

節のない木材にするために枝打ちをする。
また、枝打ちした部分の幹は均一に太る

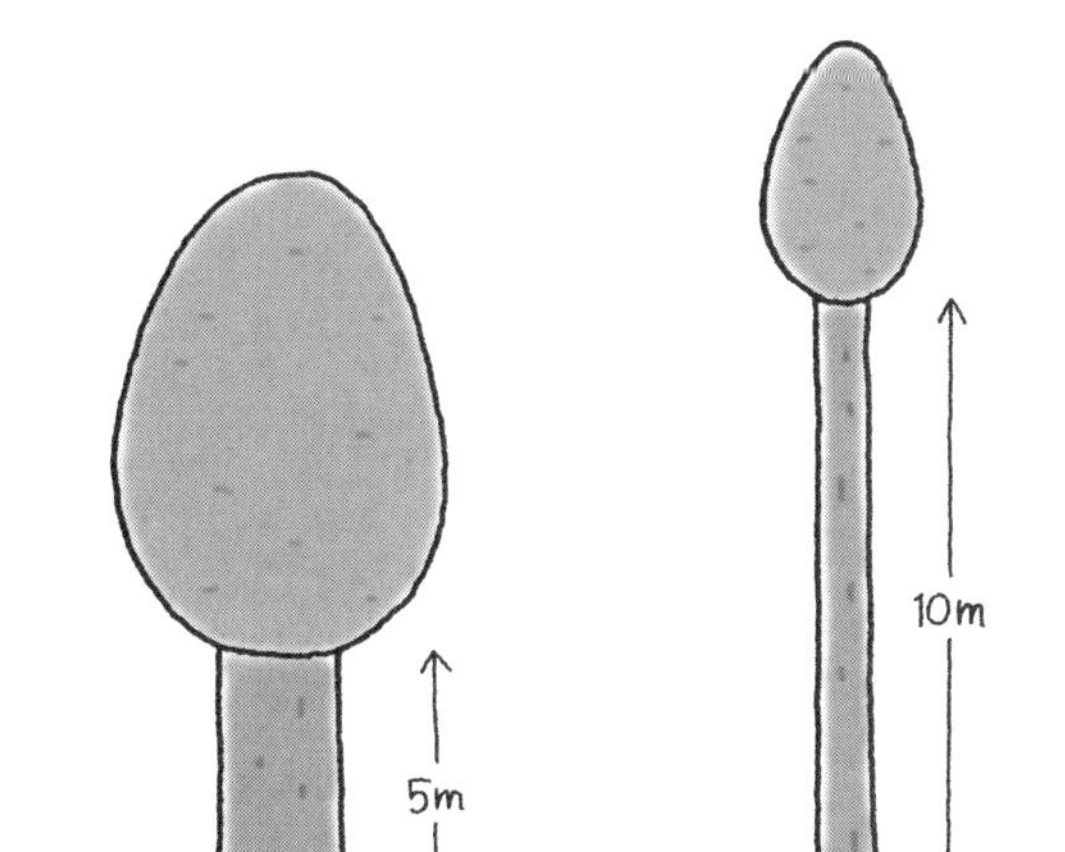

4m規格を1本とるために、5mの枝打ち。葉が多く、養分を十分に蓄えられる。それを5mの部分に集中できるので、太い木になる

4m規格を2本とるために、10mの枝打ち。材を2本とるとなると、その分養分が必要になるが、葉の量が少ないので蓄えられる養分が少ない。結果、細い木になってしまう

間伐の基本

稼ぐためのコツを知りたい

作業道づくりから始まる

文＝宮﨑 聖《せい》（高知県四万十市）

橋より洗い越し、電動ブレーカーよりハンマー

２０１３年、地元の仲間たちと森林ボランティア組織をつくって「自伐」に挑戦し始めました。活動は木を運び出すための作業道づくりから始まりました。仲間に山林所有者はおらず、活動の拠点となった7haほどある祖母の山は谷沿いの急傾斜地で、谷川を渡って山に入る作業道をどうつけてよいか迷いました。素人があれこれ考えてもラチがあかないので、徳島県那賀町《なかちょう》の自伐林家・橋本光治さん＊（70歳）に作業道づくりの出張講師を依頼。これが大正解でした。

当初、私たちは谷川に橋を架けようと考えていましたが、橋本先生は「そんなもんカネはかかるし、万が一にも落ちたらどないすんのや。ここは安くて、安全な『洗い越し＊』のほうがええわ」とアドバイス。確かに丸太で橋を架けるとなると、材料代だけでも10万円以上かかりますが、河床に丸太を敷くだけの「洗い越し」なら丸太を止める釘代の１０００円ほどですみました。約５mの洗い越しをつくるのに２人で１週間ほどかかりましたが、少しずつできていくのがおもしろくて、苦にはなりませんでした。

さて、洗い越しが完成したら次は谷沿いに作業道をつけていきます。途中で大きな岩がゴロゴロ出てきて行く手を阻みますが、ここでも橋本先生の助言が役に立ちました。岩を砕く道具の電動ブレーカー＊をレンタルすれば１日２万～３万円かかりますが、橋本先生の教えどおり、ハンマーなら購入しても４０００円ほど。大きな岩でもハンマーでたたいて割れをつくっておけば、３ｔバックホーで砕いて進むことができました。

筆者。1978年、高知県四万十市（旧中村市）生まれ。「シマントモリモリ団」団長（10ページ）

作業道は幅２・５ｍ以下が原則

橋本先生に教わった作業道は、山を削りすぎない幅員２・５m以下の細い道が原則（高知県では２・５m以下の作業道を対象に２０００円／mの補助金が出る）。路線上にある木をチェンソーで切って、株をバックホーで掘り起こします。傾斜がキ

＊橋本光治さん
徳島県那賀町で山林１００haを経営する自伐林家。１９７８年に銀行を退職後、大阪府指導林家の大橋慶三郎氏に作業道を学び、持ち山に総延長35kmほどの高密路網を開設した。現在、NPO法人自伐型林業推進協会（１２４ページ）の理事を務め、各地で作業道づくりの指導にあたる。

＊洗い越し
河川に橋を架けず、川底に丸太を敷いたり、石畳にするなどして自動車のタイヤが埋もれないように処理する渡河手段。

＊電動ブレーカー
コンクリートや岩石の破砕に使う機材。先端のニードルを打ちつけることで岩を細かくしていく。

ツイところは路肩の転圧が難しいので、丸太組みをして補強。とにかく、しっかりと丁寧に。あとで直すことになるなら、最初からきちんと作業していくのが大事で、最も効率的です。

　崩れやすいヘアピンカーブなどはバックホーで進んでは戻り、つくっては直しと、平坦な作業道の3倍ほど時間がかかりました。途中、伐開幅（木を切る幅）が無駄に広くなってしまったり、急勾配《こうばい》の道をつけてしまったところもあり、なかなかうまくいきませんでした。作業道づくりは、一人前になるのに20年かかるといわれますが、それであきらめるのではなく、我慢して、少しずつ技術を身につけていくしかありません。

　こうして、約500mの作業道をつけるのに2人で約30日。平均すれば1日16mで、収入は補助金の3万2000円＋支障木代*となります。一方、経費は軽油代3000円（20ℓ）とバックホーのリース代3000円なので、日当は1人あたり1万4000円ほど。これは県の最低賃金・時給714円と比べると約2・5倍になります。

道ができると、やれることが広がる

　また、橋本先生は「我慢して進めなさい。我慢すればもうすぐ天国や」と言いますが、作業道ができることによって、軽トラックで簡単に山に行けるようになり、本当に世界が広がりました。たとえば、自伐型林業の講座、学生や社会人の間伐体験、子どもたちの作業道散歩、間伐材の薪利用など、いろいろできるようになりました。

＊支障木（ししょうぼく）
作業道づくりの際、通行の妨げになるため伐採する木のこと。

沢が道と交錯するところにつけた「洗い越し」

橋本式作業道の断面図

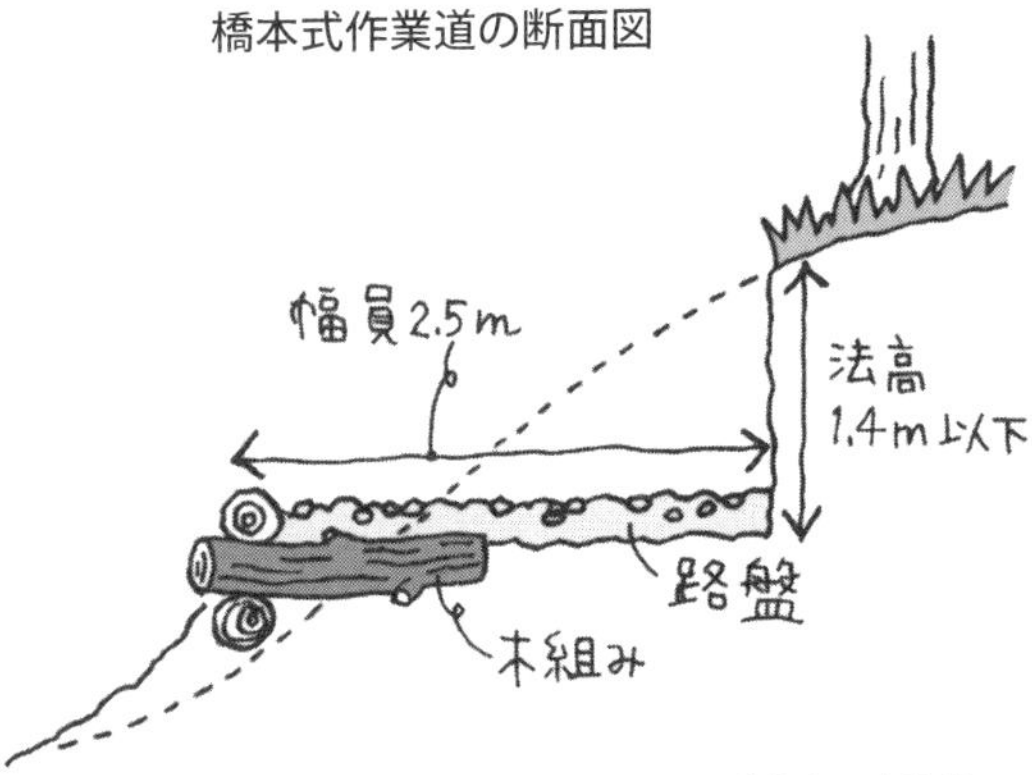

＊幅員2〜2.5m、切り取り法高1.4m以下が基本。木や草の根が土壌をつかむ力が土圧に負けない高さなので、法面を保護する必要はない。路肩部分に縦横2段の木組みを入れたり、路盤に砂利を充填して道を補強することもある

上：バックホーで作業道づくり
下：作業道のおかげで軽トラで楽々と材を搬出できるようになった

1日3万円稼ぐ木の切り方――造材のコツ

愛媛県西予《せいよ》市・菊池俊一郎さん

文＝編集部　写真＝大村嘉正

造材の技
――木の価値を上げる

「自伐林家は儲かりますよ」という菊池さんのポイントはどうやら、「何でも自分でやる」ということ（34ページ）と、「造材の技」の2つのようだ。

造材とは、切り倒した木の枝を払い、寸法を測って玉切りしていくことをいう。倒しただけの木から、「丸太」という商品につくりあげていく作業だ。

倒した木を、下からたとえば4mずつ機械的に切っていくと、おそらくほとんどの木がB材C材になってしまうのだが、菊池さんはなるべくここから真っ直ぐなA材をとることを考える。一本一本の曲がり具合や状態を瞬時に見極め、市場の相場表を頭に思い浮かべながら、高く売れる丸太に仕上げていく。そこが技術なのだ。

昔は林家は一人一人そういう目を持って一本一本造材してきたのだが、最近の大量生産型の機械だと、なかなかそれが通用しない。また、最近山に入り始めた若い人たちには、そういう技術が伝承されていない。

木の駅ブームで「自伐型林業」を志向する人たちが増えていることは、菊池さんも嬉しく思う。応援したいと心から思う。しかし、彼らの目に「薪」しか見えていないことはちょっと残念。なにがなんでも薪にしなくても、造材技術さえ身につければ、木は市場に出してもそこそこ売れる。薪用に売ると決めてしまうよりも、高値がねらえるはずだ。

そしてそれは手入れされた山でなくても同様の話。菊池さんは荒れた放置林の伐木を頼まれることもよくあるが、「そういう山からでも、実際、建材はそこそこ出せますから」。

直材ねらいの造材を見せてもらった

菊池さんに1本切ってもらった。36～37年生のヒノキ林。7年前に自分で除伐・間伐をしたのだが、そろそろ混んできたので今年か来年にはまた間伐に入りたいと思っている場所だ。

切る前に考えることはいろいろある。まずどの木を切るかが大問題だが、とりあえず今回はそこは省略。切る木が決まったら、どの方向へ倒すか、そしてどういう造材をするか、ある程度イメージトレーニングしてから伐倒開始。

思い通りのところへ木を倒せるようになるまでにはかなりの修業がいるそうだ。菊池さん、この日は「写真が撮りやすいところ」を選んで倒してくれた。倒れた木を測って曰く「まあだいたい予想通り。曲がりの3、直の4、曲がりの4ですね」。根元のほうから3mは曲がり材をとり、次の4mは直材をとり、さらにその上の4mは曲がり材をとる、という意味だ（図）。一番下の3mの曲がり部分（素人には全然曲がっているようには見えないのだが）をはずすことで、その次の4mが高単価の「直材」に化ける。何も考えずに切ると、このせっかくの直材部分が短くなったり曲がりが混じったりして、価格が落ちることになるわけだ。

　さらにもう一点、菊池さんが3mのところで切った理由は、節だ。「ほら、この3mの辺りまでは枝打ちしてあるでしょ。昔、オヤジがやっててくれたんでしょうね」

木を切るときはまず全体を眺めて、造材の見当をつける。菊池さんはミカン2haと山28haの農家林家

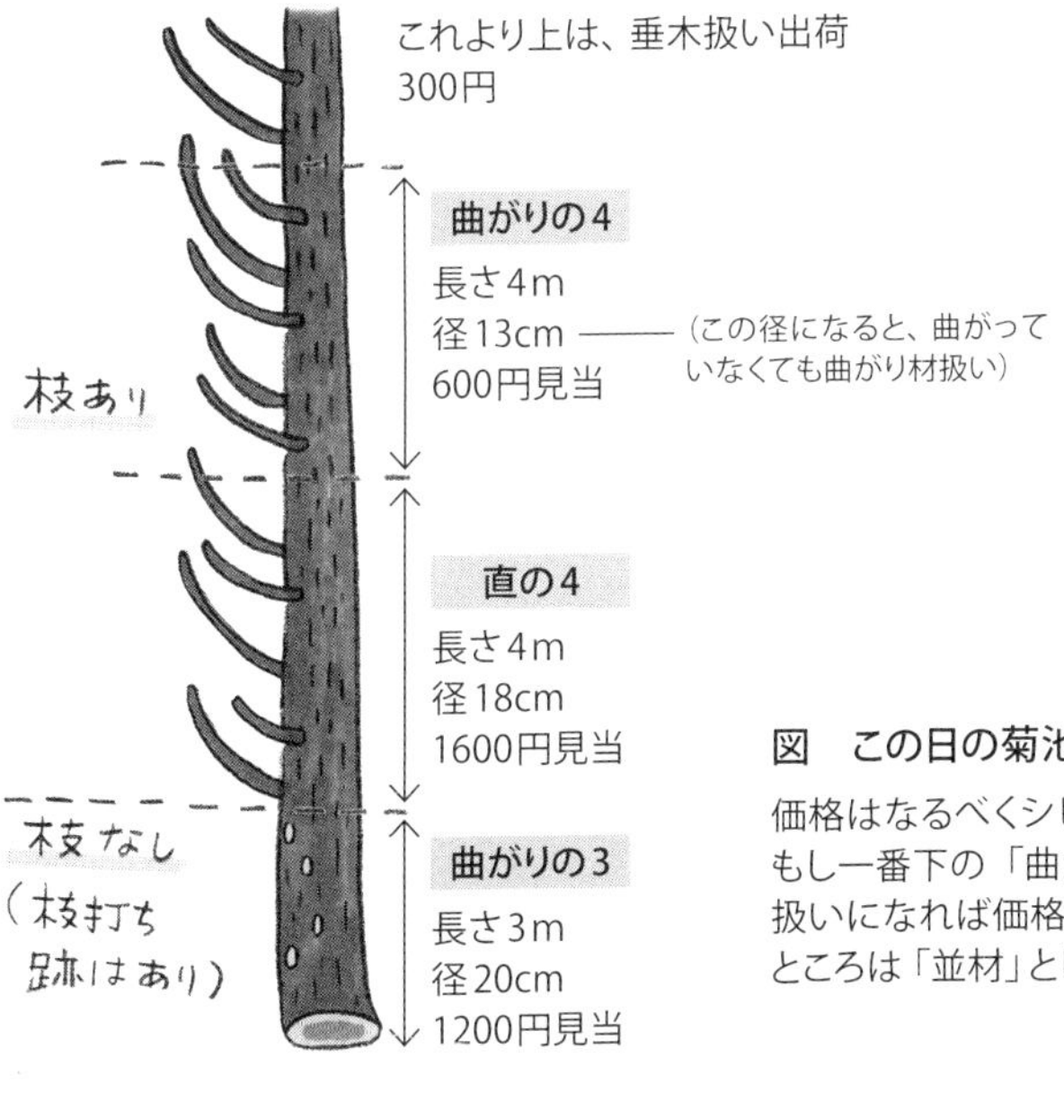

図　この日の菊池さんの造材

価格はなるべくシビアに見積もっておく。もし一番下の「曲がりの3」が「無節材」扱いになれば価格は跳ね上がるが、今のところは「並材」として計算

木が若い頃に枝打ちすると、その枝跡は木の皮表面に大きな節のように残るが、皮を剥いてみるとそこはきれいで節がない。この「曲がりの3」部分は確かに曲がってはいるのだが、もしかしたら「無節材」として高値がつく可能性もあるというわけだ。これをもし4mで切ったとしたら、枝打ちしてない部分を含むことになるので、確実に節が入る。「並材」にしかなりようがない。

切り口で太さも調整

丸太の太さを表す末口径（細いほうの直径）にも気を遣う。市場の規格は「2cm括約」といって、たとえば16cm以上18cm未満のものは「16cm」とされてしまう。つまり17・9cmで出荷するのは一番損。そういうときは余尺分を少し切り詰めて18cmにランクアップしてから出荷したい。

菊池さんの頭の中には「この太さでこの長さの丸太は1本○○円」というだいたいの数字が入っている。「1m^{3}いくら」という市場の相場表は感覚的にわかりづらいので、自分で換算して「丸太1本いくら」の表をよくつくるからだ。最近は地元の市場も菊池さんの要望を受け、相場表に1本単価も記載してくれるようになった（100ページ表）。

この日、木を1本倒して、3本の丸太をとったわけだが、なるべくシビアに見積もって合計3900円。「1日3万円の売り上げ」のためには、これと同じような木を今日あと7本倒して造材すればいいことになる。

もうひとつ、菊池さんの仕上げの技には「化粧ずり」がある。伐倒したままだとガタついていたりする丸太の断面を、チェンソーで美しく削り直すのだ。今のところ化粧ずりしたことで高く売れたりはしないのだが、買う人の立場に立った商品生産の視点は、いずれ林業でも必要になることと思う。

末口径の調整と化粧ずりの分を見込んで、菊池さんはだいたい10cmの余尺をとる。4mの木は4・1m程度で切っている。

山に入る人を増やしたい

菊池さんは一人でも多くの人に、山に入ってもらいたいと思っている。間伐や道づくりの補助金はもらわないが、地域の林研グループと一緒に「森林・山村多面的機能発揮対策交付金」（109ページ）は少しもらって、子どもたちの林業体験などの活動にも力を入れている。それに、「僕がここで木を切ってそこそこ儲けてるのを見て、まわりの農家林家も少しずつですが木を切り始めましたよ。人が儲けてるのは気になりますもん、一番効果がある。だから地域で誰かがやり始めることが大事ですよね」。

菊池さんが真のターゲットと思っているのは、「実家に持ち山があって、1～2時間で帰ってこれる町場の勤め人」だそうだ。実家の山はなんとなく気になるし、やればやったで気持ちいい。そういう人は、町場の勤め人で残業代を稼ぐくらいだったら、土日に帰って山で木を切ったほうがいいと菊池さんは考える。特に公務員は他にアルバイトはできないけど、自分の家の山の仕事ならOK。実際、県職員などは補助金にも詳しくて、ちゃっかりやってる人もいるそうだ。

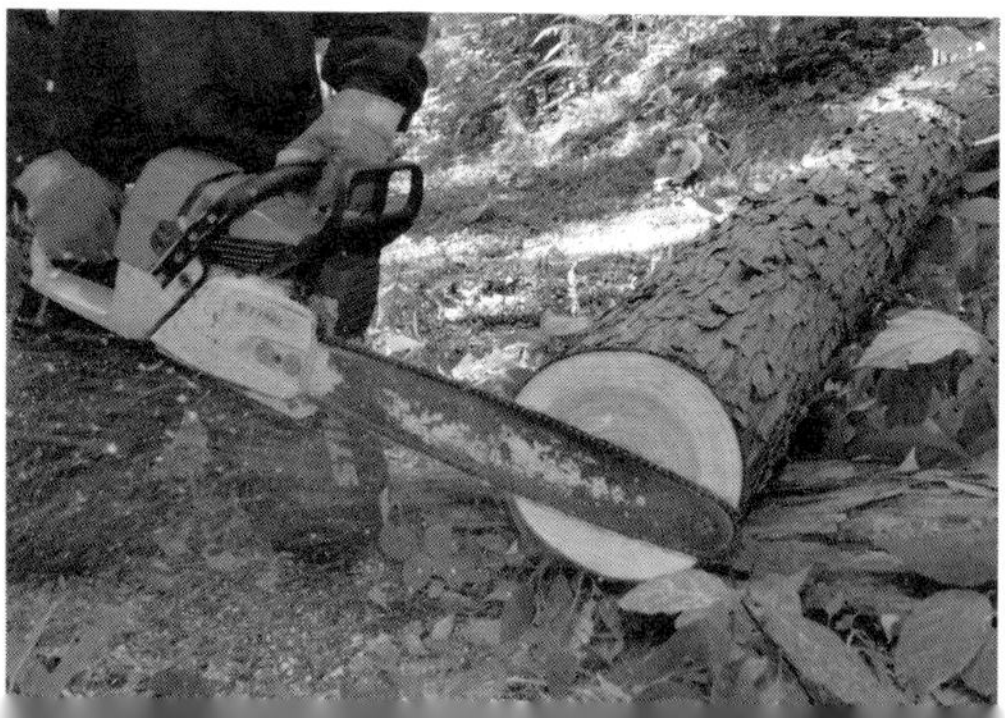

化粧ずりして、丸太の断面をきれいに仕上げる

倒れた木を測って切っていく。下から、曲がりの3、直の4、曲がりの4がとれた

伐倒。ねらった方向に見事に倒れた

木の皮に残る枝打ち跡。「木の表面は信用ならないですよ。これって節があるように見えるでしょ。でも皮を剝くとまったくきれいで無節なんです」。ここで切ってみると、112ページの写真のように、20年くらい前の枝打ちの痕跡がわかる

「あ、今これが曲がりなのか?って顔しましたね。こうやってメジャーを張ってみるとよくわかります。ほら途中にこんなに間があく。3mで約3cmの曲がりが出てる」

丸太1本当たりの単価早わかりの相場表（大洲木材市場、2012年5月より）

長さ	径（cm）	材積（m^3）	m^3本数（本）	スギ 直 m^3単価（円）	スギ 直 1本当たり金額（円）	スギ 曲 m^3単価（円）	スギ 曲 1本当たり金額（円）	ヒノキ 直 m^3単価（円）	ヒノキ 直 1本当たり金額（円）	ヒノキ 曲 m^3単価（円）	ヒノキ 曲 1本当たり金額（円）
	6～8	0.020			180		180		180		180
	9	0.032			188		188		216		216
	10	0.040									
	11	0.048	21		278	3,917	188		413	4,500	216
	12	0.058	17	5,800	336	3,241		8,600	499	3,724	
	13	0.068	15		394	6,500	442		585	11,200	762
4m	14	0.078	13	8,200	640	6,500	507	18,900	1,474	16,000	1,248
	16	0.102	10		836		663		1,928		1,632
	18	0.130	8		1,313		1,040		2,067		1,885
	20	0.160	6	10,100	1,616	8,000	1,280	15,900	2,544	14,500	2,320
	22	0.194	5		1,959		1,552		3,085		2,813
	24	0.230	4	10,000	2,300	9,000	2,070	16,900	3,887	15,000	3,450
	30	0.360	3	10,000	3,600	9,000	3,240				
	6～8	0.015			100		100		100		100
	9	0.024			128		128		128		128
	10	0.030									
	11	0.036	28		216	3,556	128	5,700	205	3,556	128
	12	0.043	23	6,000	258	2,977			245	2,977	
	13	0.051	20		306	5,500	281	7,800	398	6,500	332
3m	14	0.059	17	9,700	572	7,500	443	12,400	732	10,100	596
	16	0.077	13		747		578		955		778
	18	0.097	10		931		766		1,407		1,242
	20	0.120	8	9,600	1,152	7,900	948	14,500	1,740	12,800	1,536
	22	0.145	7		1,392		1,146		2,103		1,856
	24	0.173	6	9,600	1,661	7,800	1,349	14,400	2,491	13,600	2,353
	30	0.270	4	9,500	2,565	8,500	2,295				
	16	0.173	6	18,300	3,166	13,800	2,387	26,600	4,602	21,000	3,633
6m	18	0.217	5	18,300	3,971	16,900	3,667	29,700	6,445	29,000	6,293
	22	0.317	3	13,000	4,121	11,900	3,772	23,900	7,576	23,800	7,545
	24	0.375	3	11,800	4,425	11,000	4,125	23,900	8,963	21,000	7,875

＊径10cmまでの小径木は、もともと1本売りなので、m^3単価は略
＊径14cm以上は2cm括約
＊長さ2mは略

ちなみに税金の申告は、「山林所得」は他と別計算になるそうだ。「もし100万円売り上げても50万円くらいはまず控除。そこから経費を引く計算なので、所得税やら保険料やらがアップすることはまずありません。残業代稼ぐより、それだけでもお得」とのこと。山は兼業に向いている。

取材にお邪魔する前は、「1日3万円」などと公言している菊池さんを「優秀なんだろうけど、きっと効率重視のせかせかした人なんだろう」と勝手に想像していたのだが、全然違った。忙しい素振りはいっさい見せず、丸一日かけてたくさんの夢と技を披露してくれた。

そんな菊池さんを通じて、「自伐林家」という言葉は、農業でいう「百姓」と似ていると思った。何でも自分でやる人。そのための技をたくさん備えている人。木を切ることはもちろんだが、経営も暮らしも自分でつくる。誰かに使われるのではなく、自分の頭で考えて自分でデザインする。だから自由で、人を元気にする力を持つ。

おそらく70年生くらいのヒノキ林。先代、先々代が投資して築いてくれた財産だ。2本も倒せば、ゆったり「1日の仕事」をクリアできる。「それに、よく針葉樹は環境にやさしくないとかいう人いますけど、こうなるとものすごい多自然空間ですよ。木の葉は上部でのびのびしてて日もよく入るから、下層には植物がいっぱい。表土はまず流れません」。そしてもちろん菊池さん自身も、次の世代のために植林している。菊池林業の山は、ヒノキ65％、スギ25％、その他10％

何でも自分でやる人、
そのための技を
たくさん備えている人って、
カッコイイなぁ

自分で製材すれば丸太の4〜5倍で売れる

福岡県八女《やめ》市・大橋鉄雄さん

文＝編集部

間伐材の部屋へようこそ

「こちらへどうぞ」と通された部屋は全面板張り。床ばかりではない、壁にも2階へ続く階段にも木が使われており、要所要所には節のある立派な丸太柱がドーン。子どもたちが走り回っている。

「木をふんだんに使っているから自慢もできる。これ全部、うちの山の間伐材」と、家主の大橋鉄雄さん。

しかも、製材まで自分でこなしているので、かかった費用は、大工さんへの手間賃ぐらいである。なにより「あすけ（あそこに）立っとった木が、この家のどの部分に使われているのかが見えてくる」これがうれしくてしかたがないのだ。

「山仕事は楽しかよ」と顔をほころばせる大橋さんの山林経営の実態を聞いてみた。

林業で黒字

大橋さんは茶と米の農家でありながら、林家でもある。所有する山の面積は20ha。後継者あり。林業収入は年に400万円のときもあれば100万円のときもあり、まちまちなのだが、なんといずれの場合も「4分の1が経費と見とけばよかじゃろ」なのである。「山は儲からない」「間伐材は売れない」「赤字だからやめた」などの声が渦巻くこの業界で、ちゃんと毎年黒字を出している。

秘訣は、自分で山を管理する、自分で製材する、自分で売る、どうもこのあたりにありそうだ（図1）。

自ら製材、そして材木の産直をすることで驚くべきことに、売り上げ

大橋さんは水田1.2ha、茶3ha、山林20haの農家林家（写真＝戸倉江里）

価格が丸太市場出荷の4～5倍にも跳ね上がるのだ。

売り先は基本的には地元。本職の大工さんもいれば、倉庫を修理したい人、床を自分で張り替えたい人など、個人のお客さんもいる。買うほうからしても、大橋さんの木材は一般流通価格より安いので助かるのだ。

ただ、近頃は大工の仕事が少なくなってきたのが悩みのタネ……、ではあるものの、それでも「わいておけば」（製材しておけば）、急な注文にも応じられる。こういう材木はないかと聞かれて、「あるよー」と答えられることこそ、大事なのだという。だから大橋さんは、農閑期の冬場はほとんど林業に集中。間伐、製材を繰り返して、規格別に材木を溜めこんでおくのだ。

図1　大橋さんの地域で木を売ると……

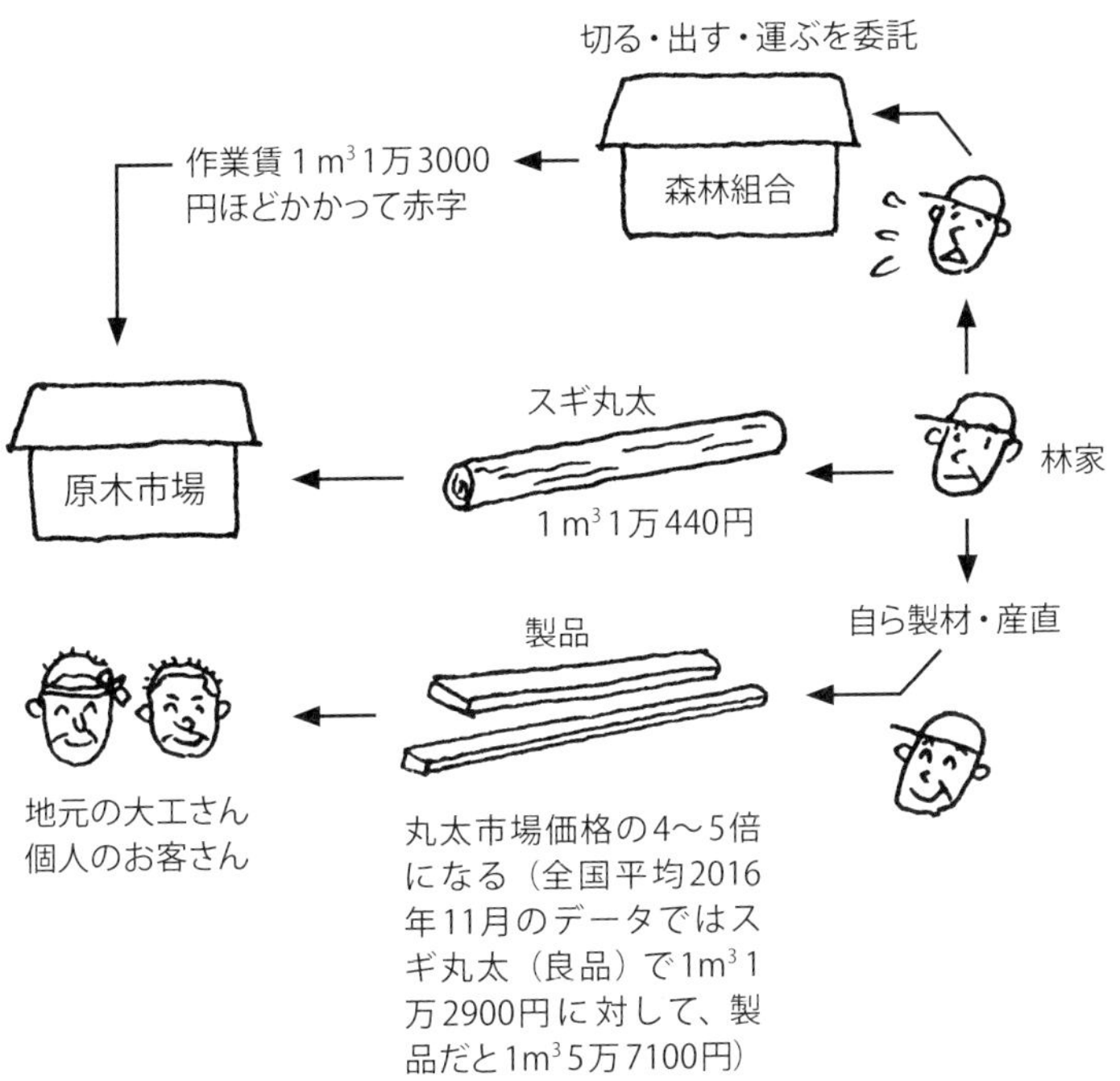

製材機は160万円

大橋さんのもうひとつの特徴は、経費が安いことでもある。なにもかも自分でこなしてしまうので、作業賃や人件費がかからない。そして、大型機械は揃えない主義。

たとえば、切った木を山から運び出すのにも、トラックに積み込むのにも、トラクタを利用している（118ページ参照）。よくある林業専門の大型機械を揃えるとなると、莫大な初期投資が必要だし、維持費だってバカにならない。その点、トラクタなら農業との兼用なので、安上がりだ。しかも小回りも利いて、扱いやすい。トラクタで十分事足りてしまうのだ。

丸太をカットして製品に仕上げるための機械（製材機）も、買い値が160万円と、そうべらぼうに高いものではない。しかも小型なので、場所もとらない。安全性もいい。林業機械の展示会で見つけたときは、思わず「こんかつあるなら（こんなのがあるなら）、即買いよ」。一目惚れであった。

普通は捨てる曲がり材から板をとる

木を自分で製材することの醍醐味はまだまだある。一言でいってしまえば、切った木を、徹底的にムダなく商品化できるということだ。

たとえば斜面に生えている木は、真上に伸びようとするため、根元は必ず曲がっているものである。普通はこの部分よりも上の位置から、4m規格を何本かとることになる。まっすぐな丸太でないと値が落ちてしまうからである。いっぽう、残った根元はというと……、

「曲がり材は安かけん、みんなアタマから持っていかんのよ。山にほったらかし」

しかし、大橋さんにいわせると、この根元の曲がったところからも、2m材がとれるのだ（106ページ図2）。さすがに柱はムリだが、4分板*といって厚さ4分（約1・2㎝）、幅4寸（12㎝）の板が、直径20㎝の曲がり材から8枚できる。合計で1500円くらいの値にはなるのだ。

「4分板は必ずいる。山小屋にも使えるし、車庫にも使える。最近では、天井裏や屋根裏の板にベニヤ（合材）を使うところも増えてきよるが、空気がかよわず湿気も持ったままだから、腐れてくる。10年、20年と持たん」

その点、4分板を使えば、耐久性もあるのだ。

丸太の端っこからも板

一般的に、4分板が必要なら、優良材（直材）を製材するのが定石ではある。丸太の端から中心までをすべて板にカットすれば、効率的にたくさんの板がとれるからである。ただし、曲がり材に比べると、割高になる。これもまた、大橋さんが常日頃から「なーんとなく、おかしいなあ」と疑問に感じていることである。

「ネズミしか見ないところに、よか材を使う必要はない」

つまり、天井裏など、人目につかない場所に使う板なら、曲がり材で十分なのだ。むしろ、曲がり材にも使い道があるんだと主張したい。

「もったいなかけん、人が捨てるようなものを有効利用する。無から有を生み出す」

また、4分板は、丸太を角柱に製材する際の〝余分〟からもとることができる（106ページ図2）。角材を作る余りから、合計8枚の4分板ができあがるのだ。

もっとも、曲がり材にせよ、丸太の端っこにせよ、4分板をとるために製材を人に任せていたのでは、分が悪くなってしまう。委託料は製材機を稼働させている時間で加算されていくので、経費はかさむばかり。やはり、自分で製材しているからこそなせる技なのだ。

背板もノコクズもムダにしない

さらに、である。大橋さんは、4分板にもできないような、一番外側の背板*は焚きものにしている。なにを隠そう、大橋さんのうちはウッドボイラー完備。風呂の湯も、炊事場の湯も、床暖房もすべて、薪を燃やした熱を利用しているので、背板は

＊**4分板（しぶいた）**
厚さ4分（約1・2㎝）の板で、市場性が広い。

＊**背板（せいた）**
丸太から角材などをとった残りの、片面に丸みのある板。

大橋さんが使うハスクバーナの移動式製材機。機械の展示会で見つけて、約160万円で購入（写真＝赤松富仁、下も）

山から切り出した丸太をクレーンを使って、製材機の前にセット。製材機はレールの上を移動しながら、丸太を切る。固定式の製材機に比べて、場所をとらない（固定式だと丸太のほうを動かして切るので、広いスペースが必要）

貴重なエネルギー源なのだ。
　また、製材するときに出るノコクズにいたっては、ボカシ肥料に加えている。おかげで茶もよく育つ。そして、極め付きの酵素風呂。発酵したノコクズの熱で温まれば極楽である。農作業の疲れもすっかり癒える。

図2　自分で製材するとこんなに木材ができる

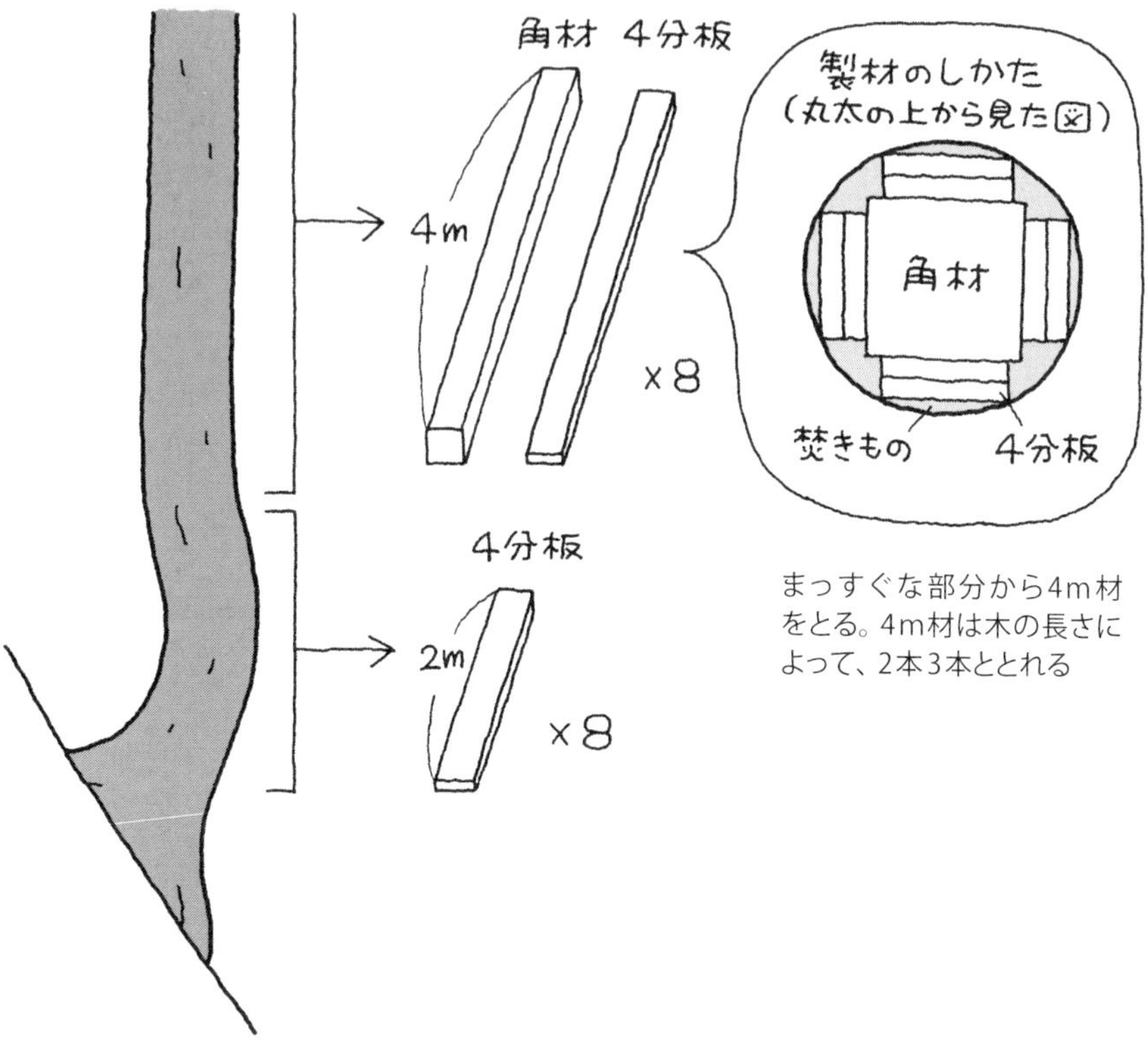
角材 4分板
4m
×8
製材のしかた
(丸太の上から見た図)
角材
焚きもの
4分板
4分板
2m
×8

まっすぐな部分から4m材をとる。4m材は木の長さによって、2本3本ととれる

製材かぁ…。
お米をおこわやもちに
自分で加工すると
お米で売るより何倍も
稼げるのと似てるのかな？
魅力的だなぁ

大橋さんのウッドボイラー（エーテーオー株式会社製。名古屋市北区志賀町5-17　TEL 052-915-4311）

足場パイプで簡易製材機

文・写真＝清水 守（新潟県南魚沼郡湯沢町）

筆者と自作の簡易製材機。移動台に固定したチェンソーが足場パイプにそってスライド。1.5mの足場パイプなら90cmの丸太の製材が可能

移動台の構造とチェンソーの装着部分

スライドする移動台は塩ビ管とアルミ角パイプでできている

私は50歳のときに役場を退職。父から３haの山を継ぎ、多品目の山菜の直売を目指す大源太《だいげんた》農園を開いて５年になります。農園のスギ林を間伐するたびに「切り捨てて腐らせるのはもったいない。自分で製材しておカネに換えられないか」と考えていました。

はじめチェンソーに水平器を取りつけて自力でまっすぐ切ろうとしてみましたが、製材面が波打ってうまくいきませんでした。そんなとき林業の雑誌で足場パイプを使った簡易製材機を発見。なんと材料はすべてホームセンターで入手できるものばかりでできています。「これは自分でつくるしかないでしょ」と、さっそく足場パイプやクランプなどを購入。合計２万円でおつりがきました。

この簡易製材機は、丸太の固定さえしっかりすればかなりの精度で製材ができます。足場パイプのレールは簡単に分解できるので持ち運びもラクラク。軽トラに積んで山へ持っていけば、玉切りした丸太も現地で製材できちゃいます。また、足場パイプを長いものに交換すれば、より長い丸太を製材することも可能です。

これまでに自分で製材した板で農園のテーブルやベンチ、看板などをつくりました。なかには軽トラ市で販売した作品もあります。テーブルセット２万円、ポプラの板3000円など、売れ行きはぼちぼちですが、これからは林業も自分で伐採・製材・販売までする６次産業化が主流になってくると思います。この足場パイプ簡易製材機が林業の6次産業化への第一歩となってくれることを期待しています。

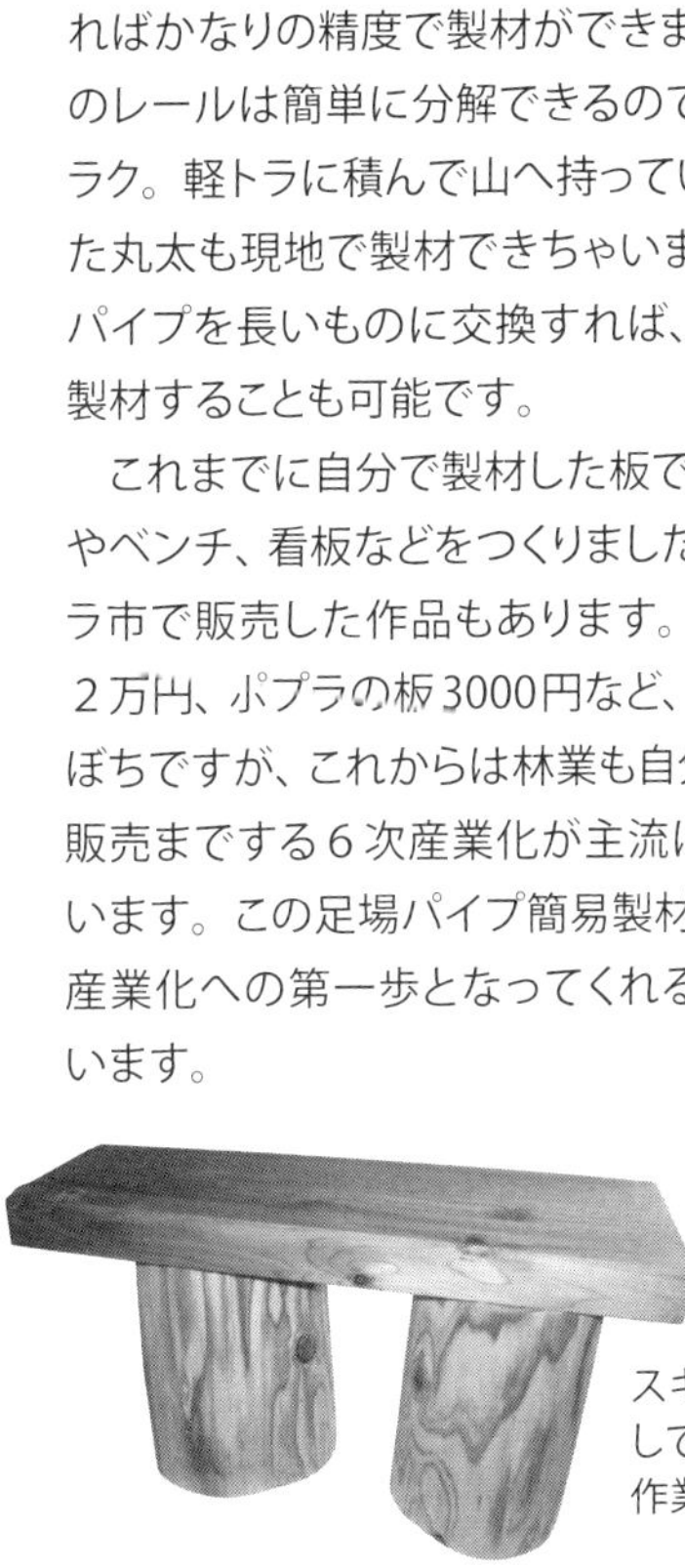

スギの間伐材を製材してつくったベンチ。作業小屋で愛用中

つくり方の詳細は下記ホームページをご参照ください
大源太農園のホームページ　http://daigenta-noen.jp/
発案者・山口良一さんの『足場パイプ簡易製材機』のつくり方
http://www.ringyou.or.jp/publish/pdf/2010RS10seizai.pdf

境界確定のための仕事に使える

愛知県新城市・西沢川森づくりの会

文・写真＝伊藤直樹

山林を守るために
補助金が出るんだって。
「森林・山村多面的機能発揮対策
交付金」がけっこう使えるみたい。
林家がどう役立てているのか、
教えてもらおうっと

16haの山を相続したものの

２０１３年に定年を迎え、Uターンで実家に戻ったときのことです。数十年ぶりに親から相続した山に行ったら、スギやマツの大木が風倒被害で見るも無残な姿になっていました。間伐の遅れで真っ暗になった森の地肌は土と砂利がむき出しの状態。小学生の頃、親に植林を手伝わされたときには下草がいっぱい生えていたのですが……。何とかしなければ地すべりの危険さえあると心配になりました。

といっても、素人ひとりでは16haもある山の間伐は到底できません。以前、地元の森林組合に相談したのですが「境界が不明なところの木は切れないし、補助金の申請もできない」という返事。山の手入れをするにも境界が不明なままでは先に進めなかったのです。

市に相談に行ったらラッキーでした。境界明確化に使える補助金を紹介され、ＮＰＯ法人「穂の国森林探偵事務所」の高橋啓さんに依頼して試しに山の一部の境界を確定（66ページ参照）。この補助金は２人以上の山主で取り組むことが条件だったので、隣接する３人の山主に声をかけて境界の立ち会いなどに協力してもらいました。

名古屋市
愛知県
新城市
（旧鳳来町）
引地集落

2015年現在、愛知県で森林・山村多面的機能の交付金を活用している活動組織は10団体。うち5団体が新城市

※各地域協議会は林野庁のサイトを参照
http://www.rinya.maff.go.jp/j/sanson/tamenteki.html

むらの5人で森づくりの会を結成

こうして誰かひとりが境界確定で動けば、その隣の山主との関係ができ、地域に仲間が増えていきます。個人ではなかなか進まない森林整備もみんなの力で進められる可能性が見えてきました。そんなとき高橋さんから紹介されたのが、2013年に始まった「森林・山村多面的機能発揮対策交付金」です。

この事業は、個人ではなく集団（3人以上）、しかも主に小さい山主の森林整備が対象なので素人にも取り組みやすいのが特徴です。さっそく境界確定に協力してくれた引地集落の山主に呼びかけて2014年3月、任意団体の「西沢川森づくりの会」（以下「森づくりの会」）を設立しました。

メンバーは定年帰農や農家林家など60～80代の5人。むらの人がウォーキングに利用している西沢川沿いの林道にサクラやウメの木を植えたい人、森林を整備して孫と釣りやキャンプをしたい人など、それぞれに夢を持ちながら、とにかく前に進んでみようということになりました。

9haで180万円の交付金が出た

まずは、月1回会議を開いて会の規約や交付金の申請書を作成。2014年度は、約9haの山を対象に「地域環境保全タイプ」と「森林空間利用タイプ（のちの教育・研修活動タイプ）」を合わせて合計180万円ほどの交付金が出ることになりました。申請書の提出から採択までに約2カ月かかりましたが、その間も会議を重ね、会の思いを伝えるため地元での説明会も開催しました。

また、引地集落全戸（33戸）にアンケートを配布して山への関心を調査。山は持っているけど高齢で間伐ができない人、子孫のために境界のデータをきちんと残しておきたい人、山持ちではないが、里山景観の保全に協力したい人など、森づくりの会と理念が一致する人が地元に多数いることがわかりました。

森林・山村多面的機能発揮対策交付金は、たとえば、こんなふうに使える

- 地域環境保全タイプ
  ・里山林保全活動 ← 荒れている里山林の手入れをしたい
- 森林資源利用タイプ
  ・広葉樹などの搬出活動 ← 薪などを活かして山村を活性化したい
- 教育・研修活動タイプ
  ・森林環境教育の実践 ← 森林の中で自然体験させたい
- 森林機能強化タイプ
  ・歩道・作業道の作設・補修 ← 森林整備のための作業道を作りたい

※最新の情報は林野庁のサイトを参照
http://www.rinya.maff.go.jp/j/sanson/tamenteki.html

学有林の境界調査や日当に活用

年間の活動計画のなかには森林整備や森のレクリエーション活動のほか、地元の旧富栄小学校財産管理会で管理する1・6haの学有林の境界調査も入れてあります。

1976年に富栄小学校が閉校となって以来、学校の敷地と校舎は山も含めて10の自治会の財産区として活用されてきました。木材価格が高かったころは、間伐材の売却と引き換えに地元の林家に山の整備を委託したこともあったと聞きます。しかし、木がカネにならなくなってからは手つかずとなり、やがて役員の引き継ぎのときに境界がどこかわからないところも出てきました。

幸い山村多面的機能の交付金は、2014年度から「森林調査・見回り」の日当や消耗品の購入などにも活用できるようになりました。ただし、境界確定の項目は入っていません。そこで、森づくりの会では学有林の境界付近を歩きながら下草刈りや風倒木の除去など森林整備の作業と組み合わせることにしました。そのなかで、境界木にペンキで印をつけたり、仮杭を打ち込む作業もしていきます。

こうすれば作業日当が出せるし、ペンキや杭などの消耗品も交付金で買えるので、管理会の運営費が目減りすることなく境界調査ができます。境界確定そのものには交付金が使えないので、境界が隣接する山主の立ち会いや正式な杭打ち、GPSでの位置情報の記録などの本格的な作業は、あらためて市の「森林整備奨励事業」を使って高橋さんのようなプロに依頼する予定です。もちろん、境界調査は学有林だけの話ではなく、今年度交付金の対象となっている山についても同様に取り組めればと考えています。

交付金の使い道で大きいのは人件費。下草刈りや林道の補修、間伐、森林調査、森林レクリエーション活動のスタッフ代などの活動で日当が支払えます。森づくりの会の日当は、地元の森林組合の半分以内（約5000円）で考えています。基本的に8時半集合、16時解散（実作業は昼休憩を除く5時間）です。

活動を証明する写真をその都度撮ったり、領収書の保管、参加者名簿の整理、保険の手続き申請など、事務作業が多いのが難点ですが、森林整備の活動にかかわる事務日当も、年度途中から認められるようになってホッとしています。

森づくりの会のメンバーと地域の人たち（最後列右端が筆者）。この日は「森林空間利用タイプ」の交付金でニジマス釣りや森の宝探しを企画していたが台風で中止。急きょ公民館で交流会を開いて親睦を深めた

交付金で買ったこんなもの

まとめ＝編集部

「森林・山村多面的機能発揮対策交付金」では、資機材購入に補助が出る（「資機材への支援」項目）。けっこういろんなものを買った人がいるようだ。ちなみにヘルメットや刈り払い機の刃、書籍など、単価が３万円未満のものは消耗品として「活動への支援」の予算で買える。

薪割り機

（愛知県豊田市　あさひ薪づくり研究会）

研究会で搬出したＣ材を使って、薪ストーブ用の薪づくりに活用。エンジン式で1台50万円ほど、硬い広葉樹でもガンガン割れる。軽トラに積めるので山中の作業や薪割りイベントでも大活躍

ポータブルウインチ

（新潟県上越市　頸北《けいほく》林業研究会）

小型エンジン付きのウインチ（PCW5000約30万円）を購入。伐倒した木にかけたワイヤーを巻き上げて集材する。直径30cm、長さ7mほどの丸太を引っ張れ、スキッドコーン（木材先導キャップ）を装着すれば障害物に引っかかることもない

林内作業車

（岐阜県高山市　森守クラブ合同会社まつぼっくり）

260万円ほどするため、半額の130万円は交付金を活用した。1.5mの道幅があれば入れるのでバックホーで150mほどの作業道をつくり、森林整備で間伐した木の集材・搬出に使う

愛農かまど

（島根県吉賀町　吉賀木の駅教会）

材料費3万3000円の半額を交付金から捻出。野呂由彦さん（全国愛農会）の指導のもと、森林レクリエーション活動の参加者と手づくりした。熱効率がよいので少ない薪で煮炊きができる

チェンソー

（山梨県道志村　NPO法人道志・森づくりネットワーク）

スタッフ用に8万円で1台購入。新ダイワチェンソーE2038S型（やまびこ産業）はガイドバーが長いのが特長で、60cmほどある大径材の玉切りでも刃を何度も入れなくて済むのでラクチン

囲いワナ

（岐阜県郡上市　漆原村里山の会）

山中の獣害防止柵周辺の森林整備（緩衝帯づくり）に交付金を活用。里山保全の活動と合わせて獣害対策でシカ用のワナを約10万円で1基購入した。イノシシもけっこう捕まる

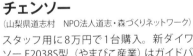

丸太の切り口

文＝編集部　写真＝大村嘉正

切り口に変な模様が見えていると丸太の価値が下がるのではないかと思ったが、それは逆。愛媛県の自伐林家・菊池俊一郎さん（34、96ページ）は、あえてこんな模様が切り口に見えるところで切る。

模様が示すのは、数十年前の枝打ち跡。「オヤジの仕事の痕跡です。この木は若いうちに枝打ちしましたっていう証明ですね」。打った跡はその後の年輪できれいにふさがった。４面落として柱に加工した際、節が表面に現れない「無節材」になるのが見てとれて、市場で買う人も安心だ。

なるほど。よく聞く「山は、先代先々代の仕事のおかげで今がある」とは、こういうことをいうのかと実感。「林業とは恩を授かり、その恩をそのまま次の世代へ送る『恩送り』の仕事」という人もいる。

長いスパンの話だ。これは企業には無理だろうな、とも思った。

Part 4

木を運ぶ道具・機械編

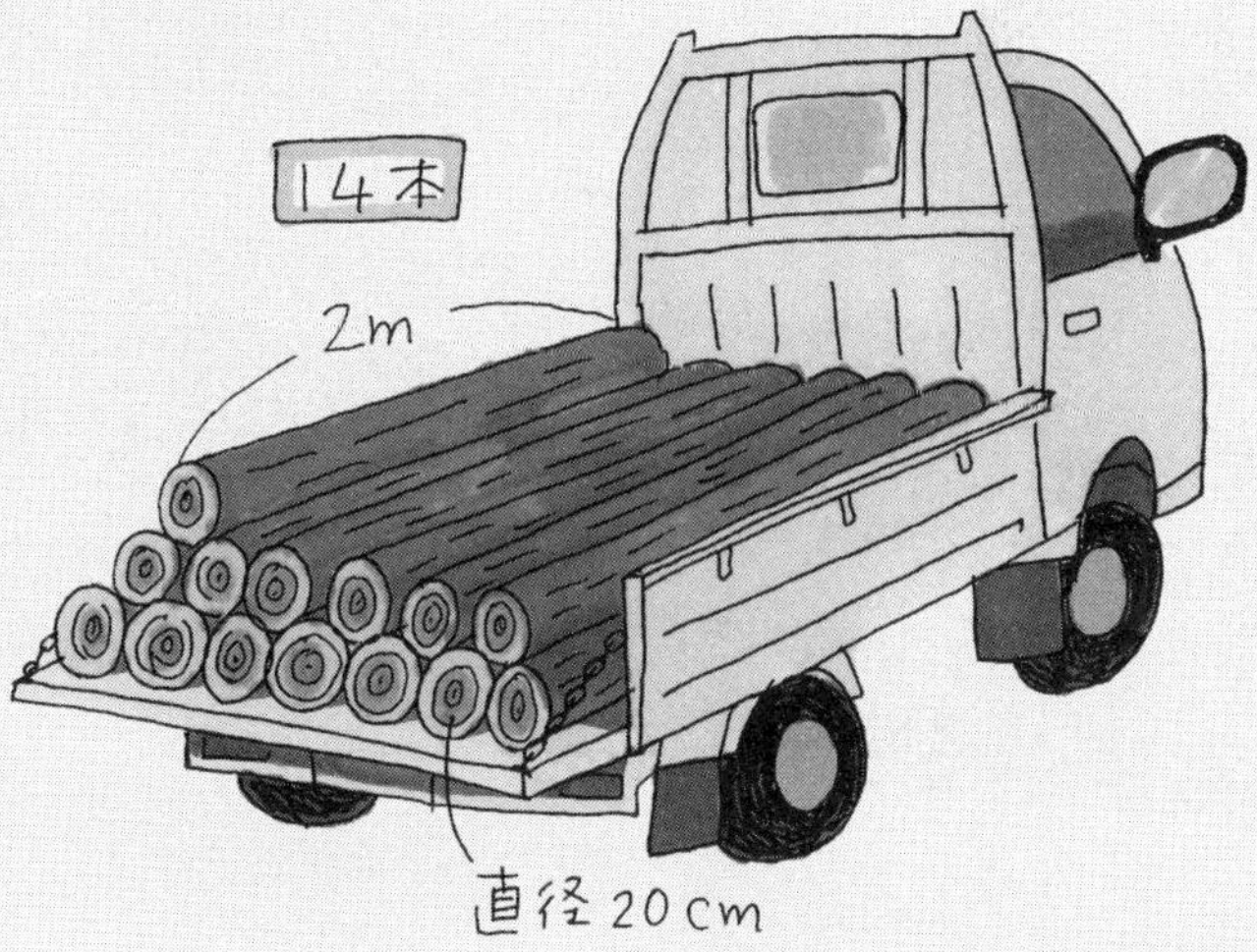

林業の大きな機械 小さな機械

文＝編集部　写真＝大村嘉正
写真提供＝IHI建機㈱　イラスト＝キモトアユミ

木は重いし大きいので、林業機械は大がかりになりがちだ。とくにネックになるのはチェンソーで倒した木を集め、山から出す作業。大小さまざまな機械を見てみた。自伐林家でも、ちょっと頑張れば揃えられそうなものもある!?

ウインチとはワイヤーの巻き上げ機。動力として小型エンジンを付けたり、トラクタに付けたりして使う。林内作業車にも付いている。滑車で丸太を吊り上げ、より広範囲から集められる軽架線集材法でも使う

小型エンジン付きポータブルウインチ（PCW5000　約30万円）

自伐林家の機械

トビなどに引っかけて道まで出せれば機械はいらないが、ワイヤー集材の場合はウインチの動力が必要

林内作業車

ワイヤーでくくった丸太をウインチで積み込み、1tほど載せてそのまま運べる。菊池さん（34、96ページ）が28年前に70万円ほどで購入した。今は150万～200万円ぐらい。道幅が1.5mあれば山に入れる

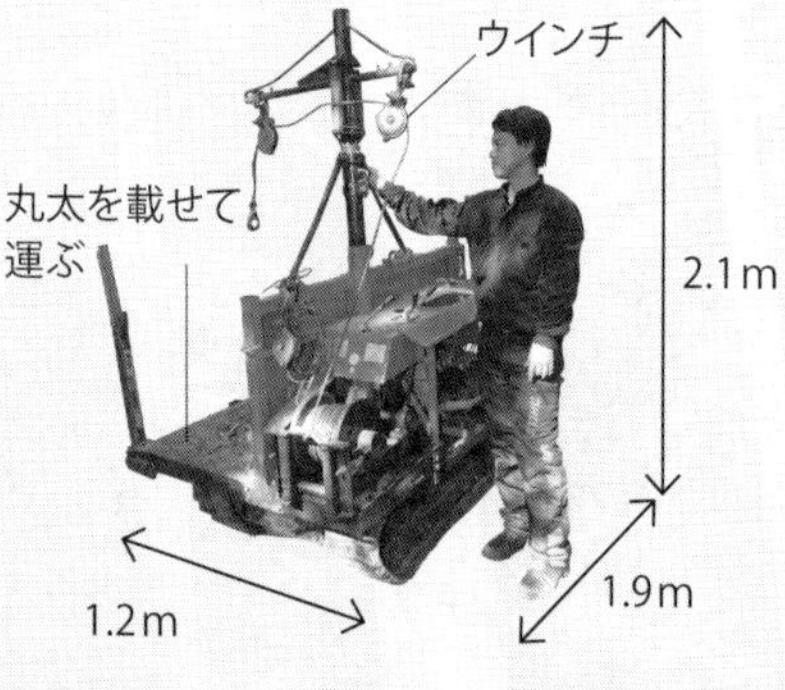

ウインチ&トラクタ

トラクタに取り付けるウインチ。 青森県三戸町の貝守林業研究会メンバーが30年ほど前に約35万円で購入。ワイヤーは100mあり、先端を木に回し付けてトラクタの動力で巻き上げる。丸太5本ほどを一気に動かせる

小さい林業の機械の購入にも使える「森林・山村多面的機能発揮対策交付金」

森林経営計画に入っていない山で、地域の住民や団体が手入れを行なう取り組みが対象。伐採・搬出などの活動への支援のほか、作業に必要なチェンソーやウインチ、軽架線などの機械を購入する場合に助成が出る（109ページ参照）

高性能機械

複数の作業を1台でこなせる大型の林業機械。伐採・枝切り・玉切りを一気に片付ける機械などもある。高価ゆえにいかに稼働率を上げるかが課題。おもに森林組合や大きい事業体で使われている

タワーヤーダ

短時間で設置・撤収が可能な移動式架線集材機。人工支柱（タワー）からワイヤーが200mほど延び、幹線道路に設置しながら急傾斜地の作業ができる。写真の機械（IHI建機NR301）の最大牽引力は3t。価格は3000万円ほど。林業架線作業主任者の資格が必要

フォワーダ

大型の集材運搬車。玉切りした材を長いアームで自在に積み下ろしできるので仕事が速い。写真の機械（IHI建機F801）の最大積載量は4.5t。価格は1930万円

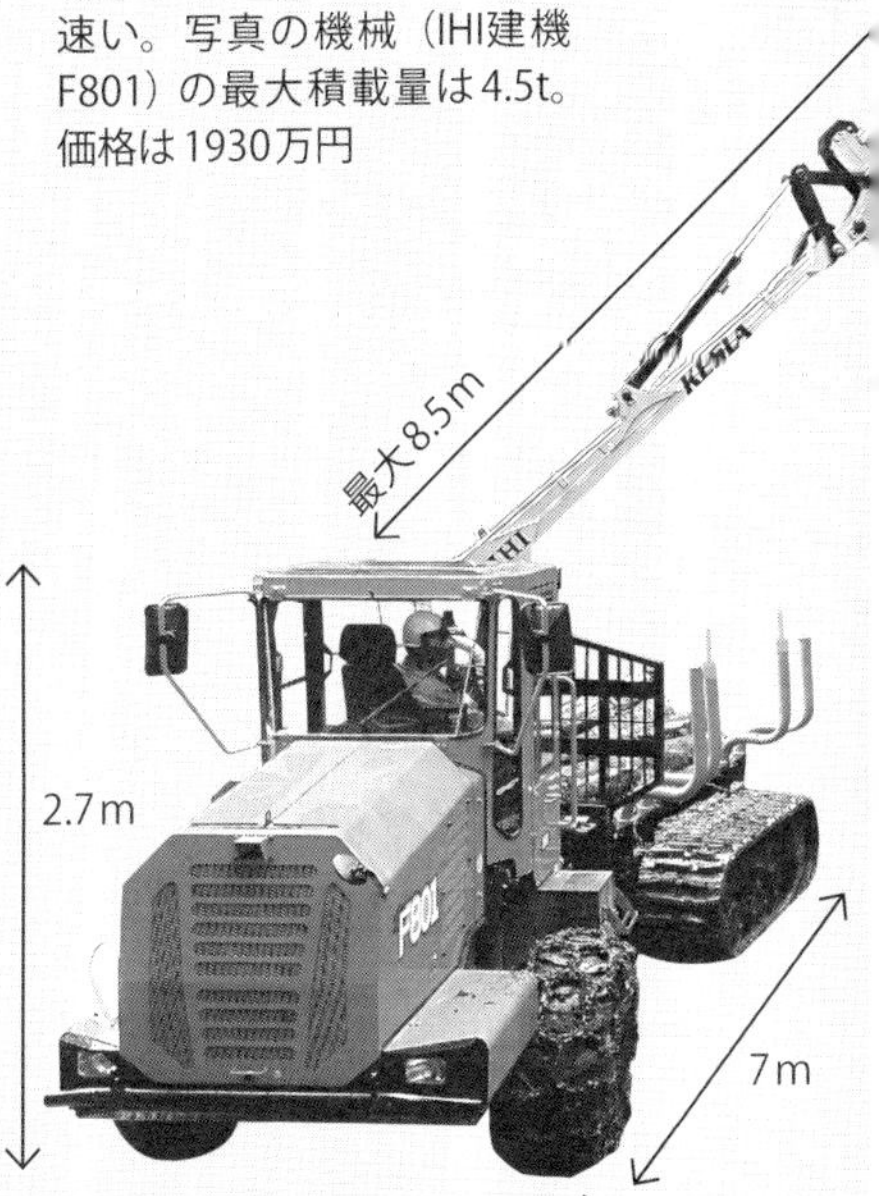

アルミブリッジと滑車があれば 人力でここまで積める

文・写真＝高濱《たかはま》 徹（島根県　匹見《ひきみ》・縄文の森協議会）

山から引き出した丸太を軽トラなどに積み込むのはきつい。市場に出荷できるような良材を2t車に積むとなればなおさらだが、じつはロープとアルミブリッジがあれば人力で積める。重機やウインチがいらないから、女性たちも活躍できる。

軽トラのあおりのフックに２本のロープを掛け、丸太に回して引けば、滑車の原理で2分の1の力で積める。アルミブリッジは丸太でもよい（左ページ下参照）（熊本県天草地区林研グループ講習会）

太い木がラクに積める 掛け縄方式

掛け縄方式のしくみ

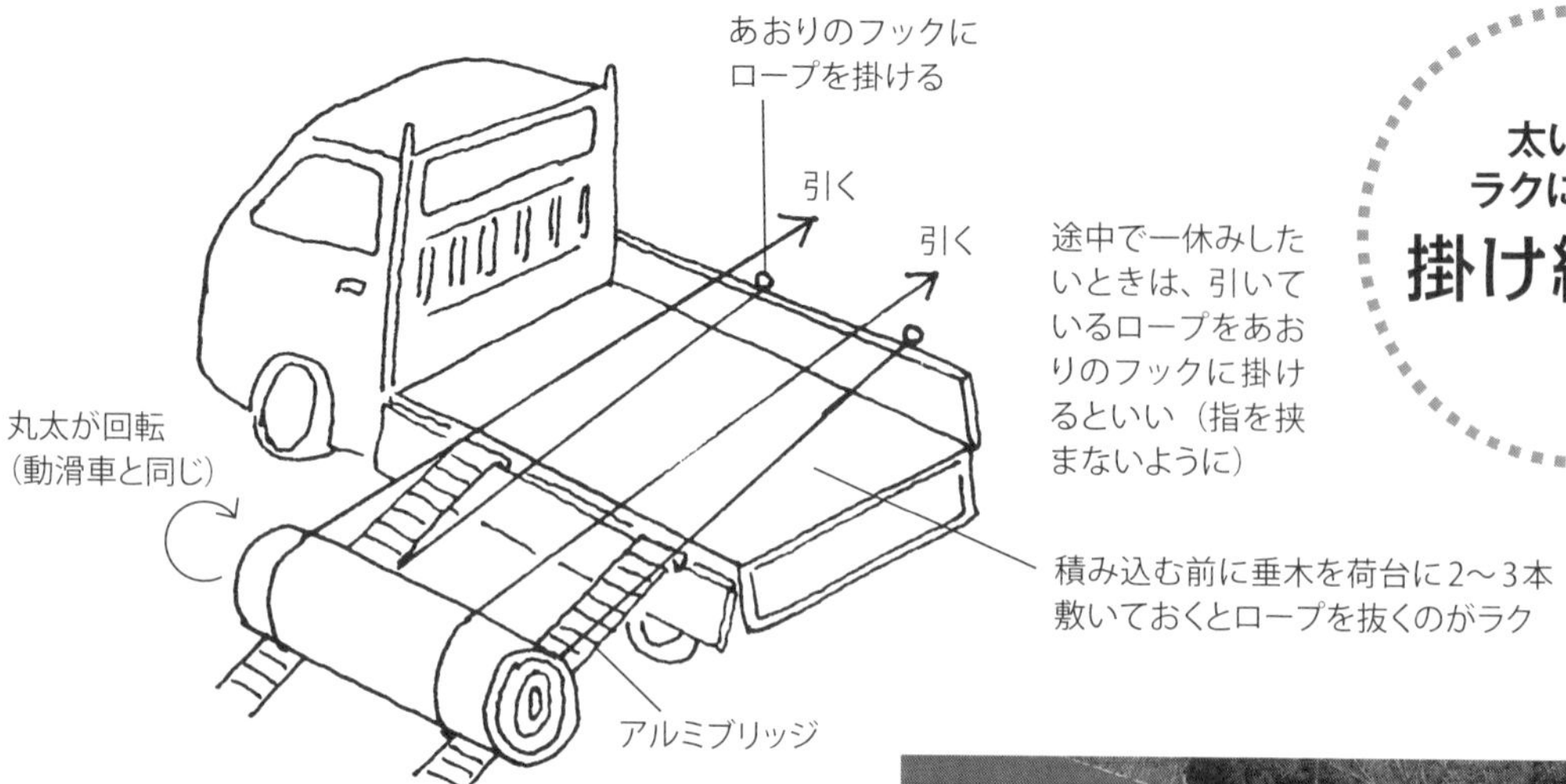

あおりのフックにロープを掛ける
引く
引く
丸太が回転（動滑車と同じ）
途中で一休みしたいときは、引いているロープをあおりのフックに掛けるといい（指を挟まないように）
積み込む前に垂木を荷台に2～3本敷いておくとロープを抜くのがラク
アルミブリッジ

同じやり方で、写真のような元口40㎝の4ｍ材も2人で積めた！　市場に出荷して高単価が期待できる立派な材だ（熊本県宇城地区林研グループ研修会）

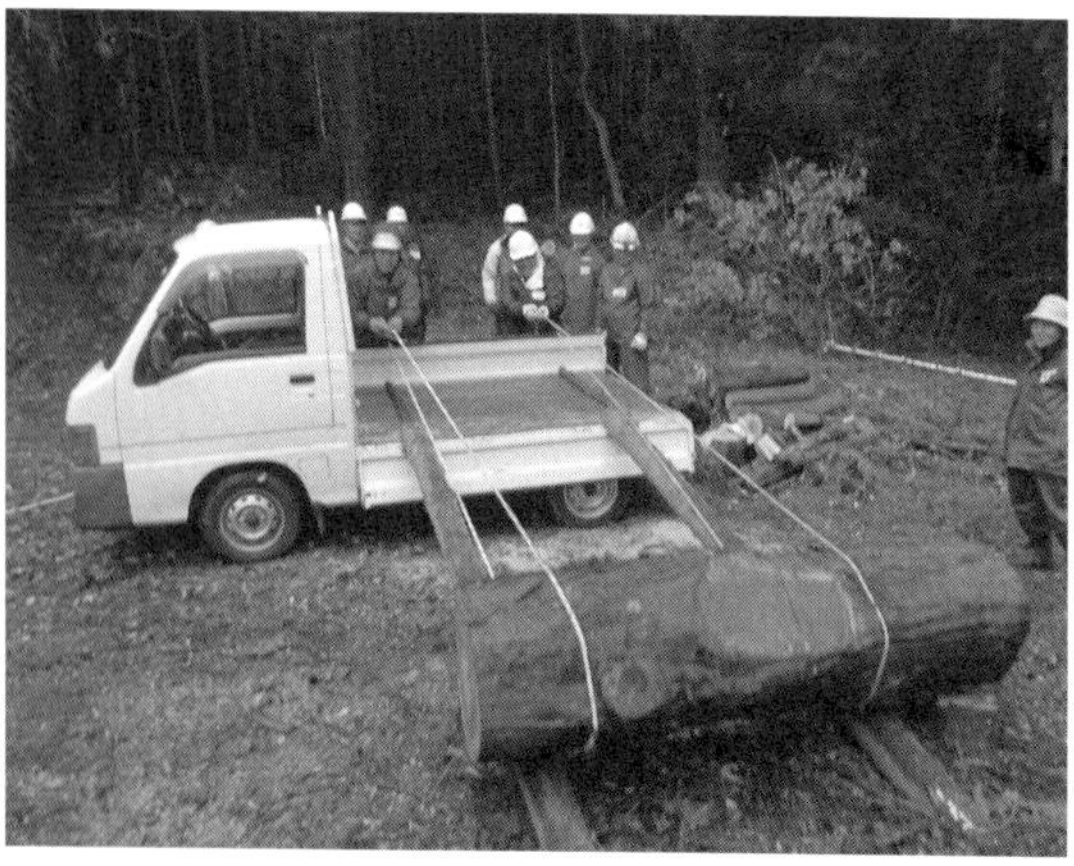

写真の元口60㎝で長さ2.3ｍのスギ丸太（重量420㎏！）も、男性3人で積み込むことができた。ここでは丸太をスロープにしている（島根県雲南市住民グループ搬出講習会）

さらに滑車を加えると、もっと重たい木が人力で積める。写真の島根県江津市市民向けロープワーク研修会では軽トラの鳥居を支点にしたが、近くの立ち木を支点にしてもよい

もっと重い木が積める 滑車掛け縄方式

滑車掛け縄方式のしくみ

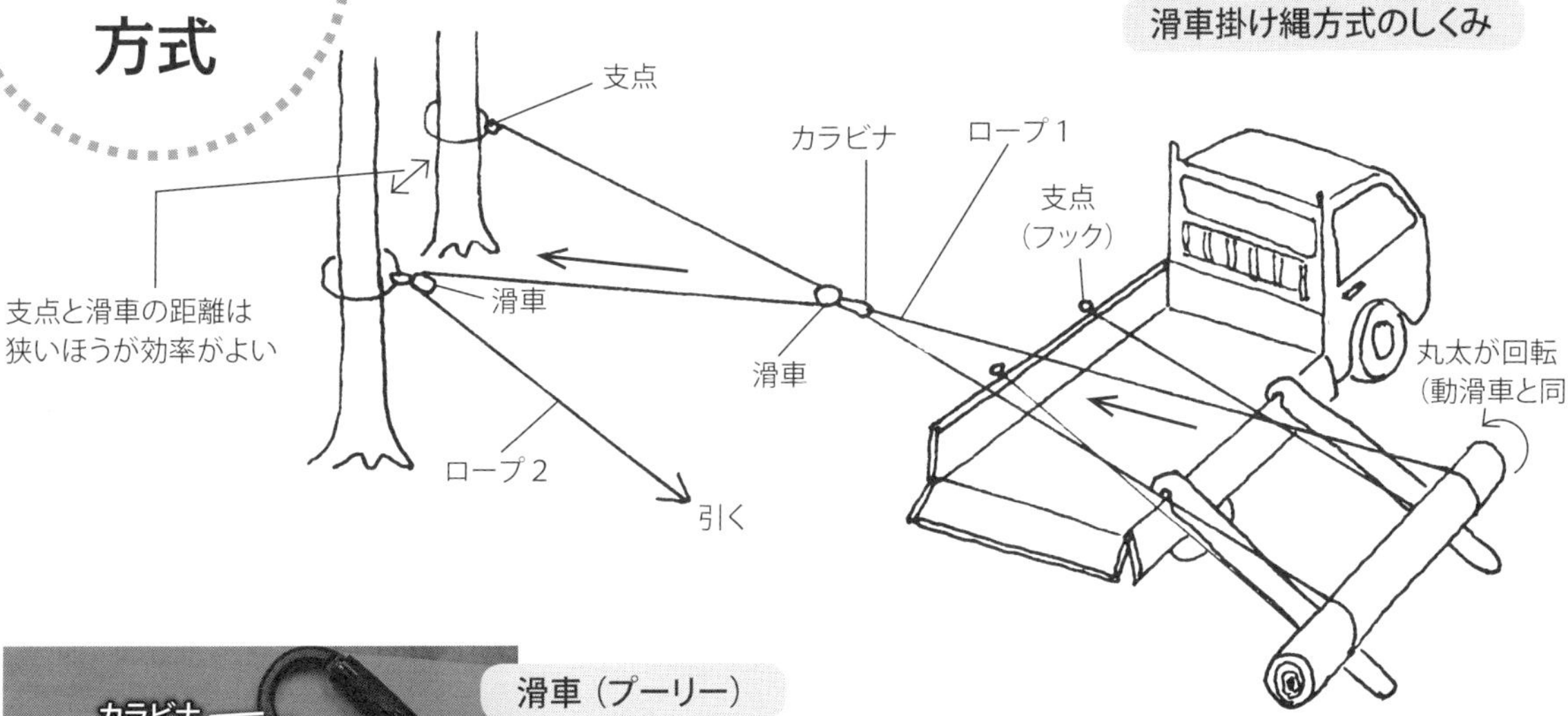

滑車（プーリー）

積み込みのみならず、かかり木処理から搬出まで使えるロープ用のものは特殊伐採用の滑車。真ん中の小型軽量ステンレス製のCMI社製RP118Aは3.5 tの破断強度を持つ
特殊伐採専門店「アウトドアショップＫ」（http://www.works-odsk.jp　TEL0265-98-0835　長野県伊那市）

積載安全具

太い材を安全に積むための道具。L字型の鉄パイプを木の枠に固定して使う。走行中に材を落とす心配はなくなるが、積載オーバーに注意（元広島県林研グループ連絡協議会副会長の藤原氏の考案）

積み込み用丸太

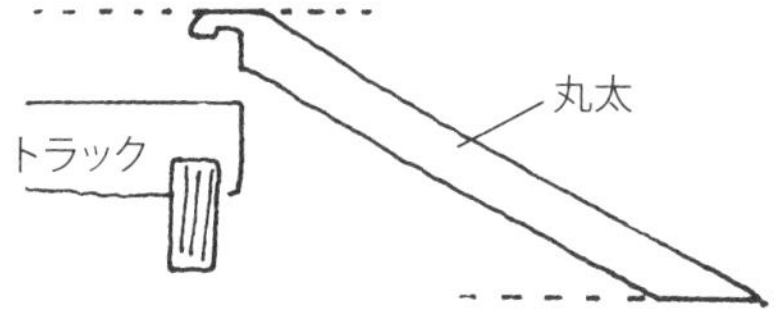

丸太の細いほうを地面に着くほうにして、太いほうを図のように切ると、荷台でもあおりに掛けたときでも安定する。また、この切り欠きの形状は、土手の上方から丸太をあおりに掛けて材を降ろす際にも有効である

＊当協議会では、中国地方や九州などで安全なチェンソーワーク、女性でもできる集材搬出技術の講習会を行なっている。詳しくは"自伐林業への道"ホームページへ
http://www.synchronix.gr.jp

トラクタで集材、積み込み

福岡県八女市・大橋鉄雄さん

文＝編集部　写真＝赤松富仁

林業の中でも、ことさら骨が折れるのが集材（切った木を山から運び出す作業）。専用の大型機械を揃えるとなると、莫大な費用がかかってしまうが、農家林家である大橋鉄雄さんは農業用トラクタ1台で間に合わせている。むしろそのほうが、小回りもきいて扱いやすいという。トラクタにウインチを取り付け、トラクタの動力で丸太を引っ張り出すのが大橋さんのやり方だ。林道より上の山からも、下の山からも、400mくらいなら木を出せる。作業は無線機を使いながら進める。

山から木を運び出す作業

山の中にいる鉄雄さん。切った木にウインチのワイヤーを固定。末口（細いほう）だとワイヤーが抜けてしまう恐れがあるので、元口（太いほう）に

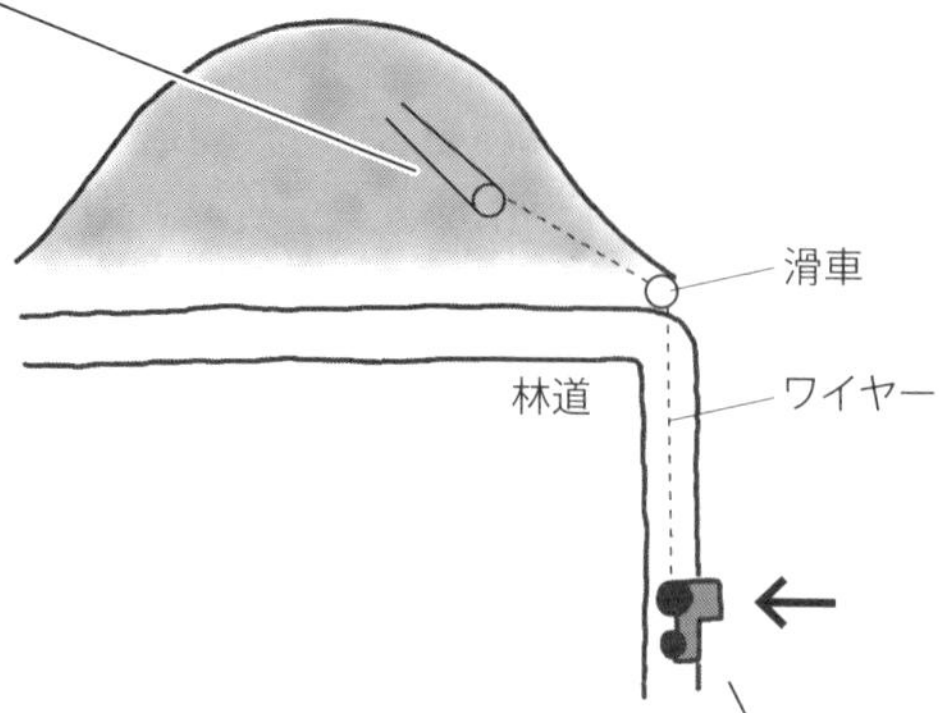

（矢印の方向から見たところ）

林道にいる奥さんの富枝さん。鉄雄さんの合図に合わせて、ワイヤーを巻きとるレバーをオンにする（トラクタの動力でワイヤーを巻きとる）。木は山の斜面に対してまっすぐ引きずり出すとスピードがつきすぎて危険なので、斜めに滑らせるようにして引きずり出す。木が林道まで出てきたら、富枝さんが木からワイヤーをはずし、山の裾まで下りてきている鉄雄さんに手渡す。鉄雄さんはワイヤーを持ってまた山に入る

木をトラックに積み込む作業

まずは玉切り（規定の寸法に切断）

玉切りした丸太をトラクタで運んでいるところ。まず、丸太の元口（根元寄りの切り口）から1mの位置にワイヤーを固定し、ワイヤーのもう片方をトラクタのバケットにひっかける（このときバケットはまだ下げてある）。バケットを上げ、そのまま丸太を引きずるようにしてトラクタで前進。トラックの荷台に丸太を立てかける

ワイヤーをはずし、トラクタのバケットで丸太を押し込む。その後は自宅の製材所（102ページ）へ

新たに機械を買わなくても
家にあるトラクタで
集材も積み込みも
できるなんてスゴイや！

傾斜20度ほどの山あいに設置した「修羅iido」。
上から材を次々に滑らせていく

波板と
トラロープで集材

文・写真＝金《こん》 耕司
（秋田県平鹿地域振興局・森づくり推進課）

「修羅《しゅら》 iido《いいど》」とは、平鹿地区林業後継者協議会が考案した簡易集材装置のニックネーム。多くの方々に親しんでいただきたいという願いを込めて、古来の集材方式である「修羅」に、英語で滑らせる「SLIDE（スライド）」と秋田弁のほめ言葉「いいど」を掛け合わせて命名しました。長さ1m、直径20cmほどに玉切りした短尺材は、滑りが安定して効率よく集材できます。

修羅iidoの材料（長さ50mの場合）

ポリカ波板（長さ1m80cm、幅65.5cm、厚さ1mm）30枚、小幅板（長さ1m 80cm、幅4.2cm、厚さ1.3cm）120本、トラロープ（Φ12mm）110mほど、木杭（現地調達）適宜。初期費用は6万円ほどかかるが何度でも再利用できる

トラロープは最初に張って滑走路の位置を決める。ポリカ波板を小幅板2枚ではさみ、ところどころビス留め。波板どうしの連結部はヒモを通し、横に立てた木杭に固定する

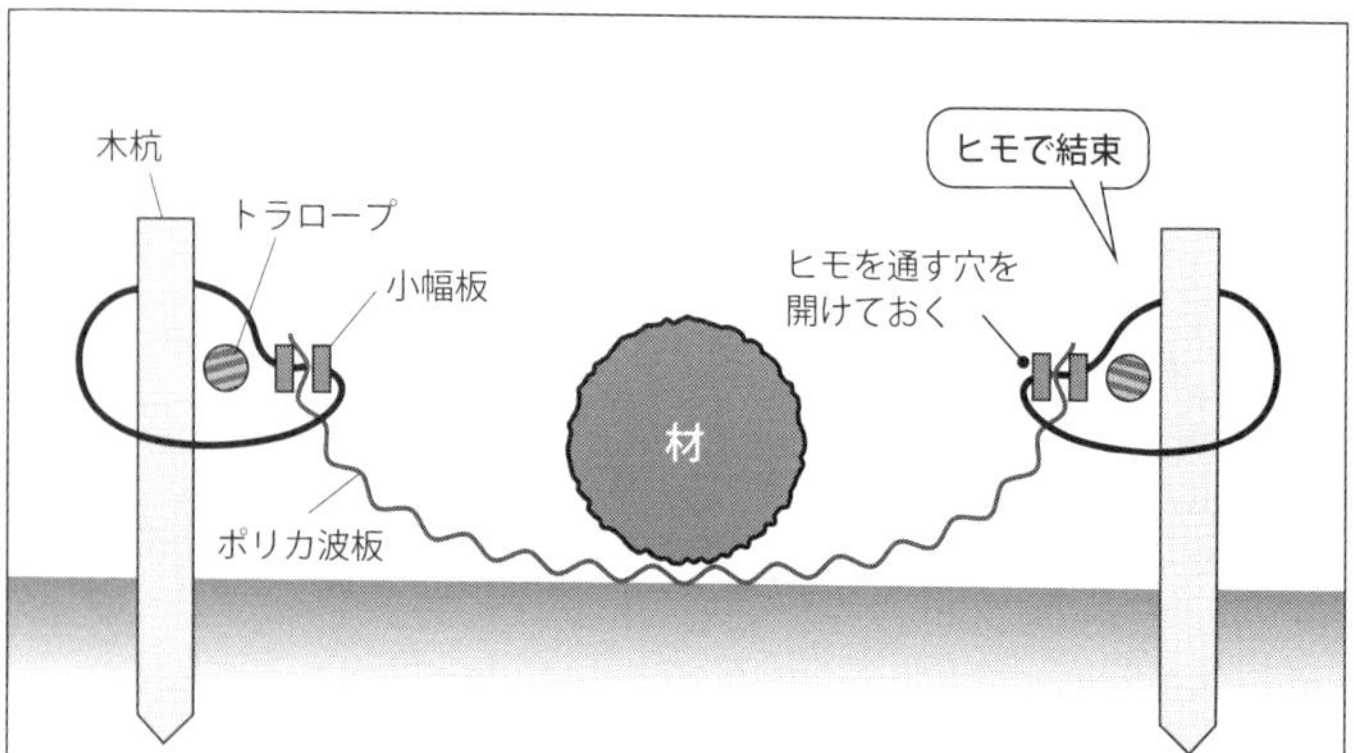

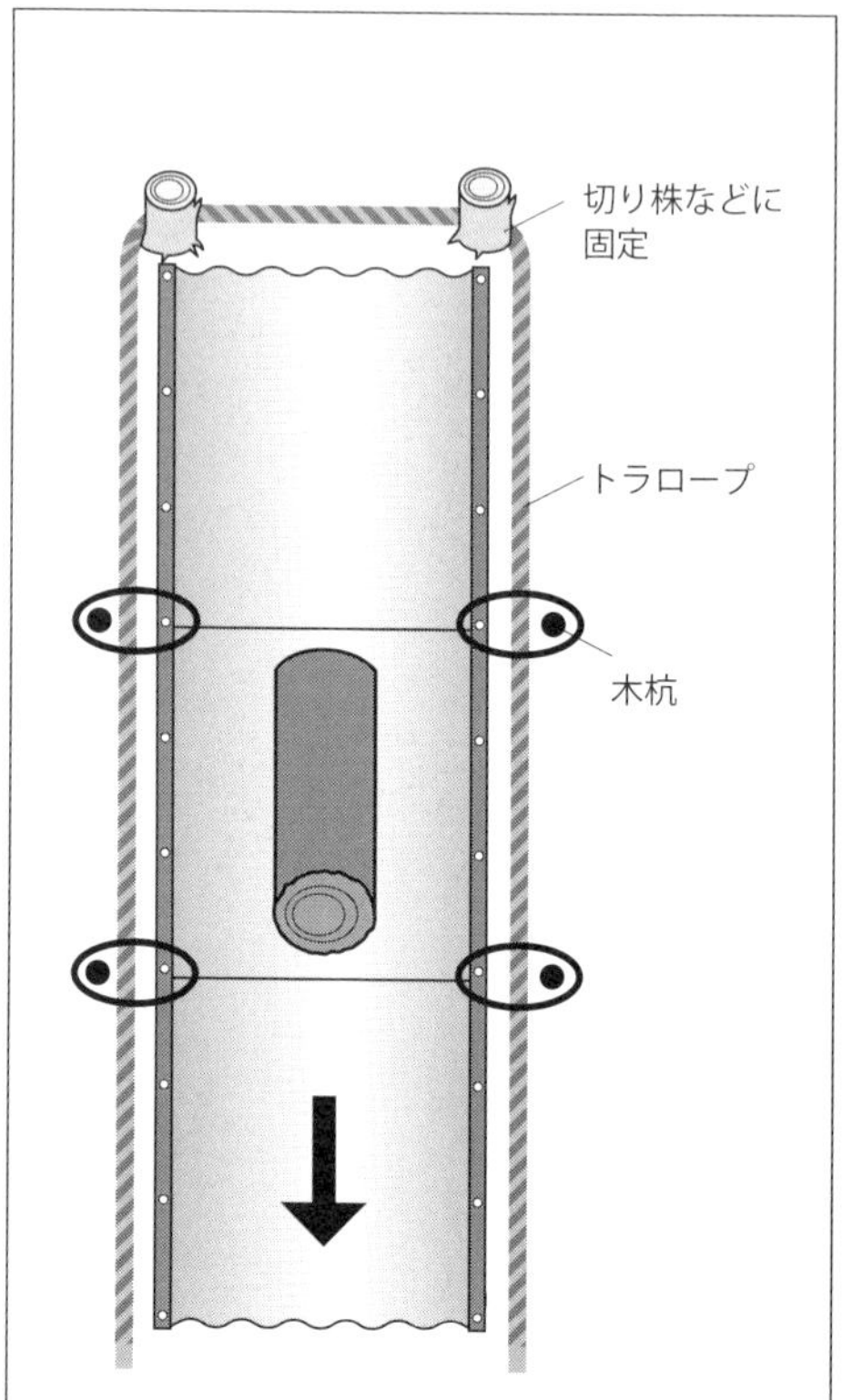

チェンソーで切った後がモンダイだ

みんなが使ってる 搬出道具・機械ってどんなの？

まとめ＝編集部

トビ

ツルハシのような先端を丸太の小口に打ち込んで、山の斜面を使って木を引く道具（大中小があり9000～1万3000円程度）。ベテランは200kgを超える丸太をトビ1本で動かす

マウントポニー

高山治朗さん（8、60ページ）も愛用するウインチ付き小型林内作業車（1980年当時、50万円ほど）。40mのワイヤーで350～400kgの丸太を引っ張れる。現在は製造中止だが、ネットオークションなどで中古品は入手可能

おやじが買った機械。納屋でホコリをかぶっていたけど、4年前に引っぱり出してきた。道幅が1mあれば入っていけて最高！　太い作業道をつくる必要もない。俺みたいな小さい自伐林家にはピッタリさ

林内作業車

リモコンウインチ付きは、1人でも集材・搬出作業が可能。幅1.5mの道でも入れて、1回に1tほどの丸太が載せられる。価格は150万～200万円で車検も必要ない

馬

「地駄曳き」とも呼ばれる北海道や東北地方の伝統的な搬出方法。道がない斜面でも入っていけるので、搬出路を新たにつくる必要がない（くわしくは122ページ参照）

人力でも……

薪用なら、その場で40cm（薪ストーブの燃焼室サイズ）に短く玉切りしちゃうのも手だ。舘脇信王丸さん（14、18、38ページ）はリフティングトング（3500円）のフックを丸太に引っ掛けることで、人力でもラクラク運ぶ

軽架線

架線に付けた滑車から延びるワイヤーに丸太を固定。林内作業車などのウインチで滑車を引っ張って丸太を出す（軽架線キットは高知県いの町の綱屋産業が20万円で販売）。1日の作業で4tトラック1台分の木材を搬出できる

馬搬

文・写真＝村上昭浩（写真家）

馬搬《ばはん》とは、山で伐採した木を馬に引かせて運び出す作業のこと。道のない山でも木が出せる。機械もいらない。燃料もいらない。巨大な林業機械を入れるための大きな道をつける必要がないから、山も荒れない。

この馬は約1tあり、下り斜面なら体重と同じくらいの重量を引く。丸太の長さは10mを超えることもある

車両が入れる場所まで馬が運んだ丸太は、トラックに積み込まれて製材所などに運ばれる

丸太は鉄板に載せると抵抗が少なくなり、切り株などに引っかかりにくい。鉄製のチンチョを丸太に打ち付けて固定する。ワイヤーでくくることもある

スギ林で伐採された木を寄せ、鉄板に固定していく。その間、馬はじっと待っている

直径1mほどのマツ科のドイツトウヒを運ぶ。積雪があると抵抗が減り、より多くの丸太を運べるのだ。馬搬の馬は、北海道から、ばんえい競馬の引退馬などが来ることが多い。ヨーロッパ原産種で、日本で交配・繁殖させた大型のばん馬。4〜5歳から15歳くらいまでが働き盛り

人の背丈よりはるかに大きく、体重1tを超える馬が、人間の掛け声だけで大きな丸太を引っ張り、「バック」と言えば後ずさる。馬搬の撮影を始めてから5年以上になるが、いまだになぜ馬が文句を言わずに重い丸太を引っ張るのか不思議だ。芸を見せるたびに褒美にエサをもらう動物はよく見るが、馬搬の馬は働いたからといって、特別に美味しいエサをもらえることもない。ムチを打って無理やり働かせるわけでもないのに、言葉通り鼻息も荒く頑張って丸太を引っ張るときさえある。簡単に言えば、主人である馬方との信頼関係なのだろうが、さらに馬にも「働く喜び」があるのだろうか。

40年前には当たり前に行なわれていた馬搬が、林業の機械化の波の中で急速に廃れていった。馬にとっては働く場を奪われてしまったともいえる。人と共に働き、共存できる環境を残すことは、馬と人の双方に、とても大事なことではないだろうか。近年、岩手県遠野市の馬方・岩間敬さんらの発信で注目を集め、徐々に広がりつつある動きが嬉しい。

自伐型林業の広がりと就林支援

文＝上垣喜寛（ＮＰＯ法人自伐型林業推進協会事務局長）

低コストで始められる自伐型林業

自伐型林業は、一定の山林を確保し、技術研修を受け、必要最低限の機械（バックホーや林内作業車、チェンソーなど）をそろえれば初心者から始められる。ハードルは低いが趣味的な活動というわけでなく、自伐を軸にした暮らしを成り立たせている若者たちも増えている。本書で取り上げている高知県四万十市の宮崎聖さん（10、94ページ）もそのひとりだ。

自伐型林業のやり方は、山に高密な道を張りめぐらすところから始まる。幅2・5m以下の細い道さえ通っていれば、軽トラックなどで簡単に作業現場までたどり着き、その車両でたいしたコストもかけずに木を運び出して出荷までできる。一定面積の山林の伐採をくり返して山を転々とする林業事業体と違い、まかされた山林にはりついて最低限の伐採をする「択伐*」に専念するため、作業後も山によい木が残り、同じ場所で翌年の収入も期待できる。

また、自伐型林業の魅力は、取り組む人たちの多様なライフスタイルにある。たとえば、愛媛県西予市の菊池俊一郎さん（34、96ページ）は、みかんの生産と自伐型林業を兼ねた「春夏農業・秋冬林業」を続けている。みかんの収入がよい年には、山を育てる仕事に専念し、不作の年には間伐を多めにする。林業を軸にすえることで、農業につきものの天候リスクを分散し、マイナス要素を吸収できる。専業にこだわらない、兼業による安定感あるライフスタイルを確立できるのが自伐の最大の魅力だ。

自伐をサポートするＮＰＯ法人、自治体

ＮＰＯ法人「自伐型林業推進協会*」は、自伐型林業を始めようとする個人やグループ、自治体を支援しようと２０１４年に立ち上がった団体だ。事務局を担うメンバーは、高知県で自伐型林業という考え方を生み出した「土佐の森・救援隊」のメンバーたちに加えて、東京でジャーナリストとして活動していた者、ＮＰＯの経営者、大手企業で経験を積み海外でデザインを学んだ者、日本初のスポーツビジネスを立ち上げた経験がある者、公認会計士など、林業の枠にとらわれない多様なバックグラウンドをもつ者が集まっている。3年間の支援活動の結果、全国で約70以上のグループが自伐型林業を事業として行ない、５００人以上の担

＊択伐
植林後40～50年で一斉に伐採する「皆伐」と対照的な考えで、伐期を自分で見極め、適量を抜き切りして更新をはかること。ドイツなどでは近年、択伐の一種である「将来木施業」といわれる伐採法が普及している。

＊自伐型林業推進協会
東京都新宿区に拠点を構える。自治体支援や若手育成のほか、広葉樹施業や相続税対策など12のプロジェクトを立ち上げ活動する。

い手が実際に収入を得始めている。なかでも高知県が最も多く、100人を超えている。担い手の育成をする指導者は9人まで拡大しているが、増加する研修の受講希望者に対応するため、指導者養成が急務となっているような状況だ。

「林業」と聞くと、あたかも人口が少ない山間地で広がっているように勘違いする人も多いかもしれないが、自伐型林業者を育てようとする自治体は意外なところから生まれている。まずは、静岡県熱海市だ。熱海といえば全国でも有数の温泉地帯であり、東京から1時間足らずで遊びに行ける観光地。林業予算がまったくのゼロだったが、2016年度から自伐型林業の展開をスタートさせ、首都圏からの移住者を受け入れる新たな産業づくりの柱に自伐型林業を置いている。また、利根川の源流を抱え、カヌーや登山で観光客を集める群馬県みなかみ町も自伐展開を始めた。そこではスギ・ヒノキといった針葉樹にこだわらず、広葉樹を活かした担い手の就業づくりを計画しており、薪の流通システムの構築や家具メーカーとの協働も視野に入れている。両自治体の職員と話をすると、林業という視点だけでなく、山林を活かした生業をつくっていきたいという思いが伝わってくる。

自伐型林業推進協会が設立した頃には数えるほどだったが、自伐支援のために予算化した自治体は24(3つの県含む)にも広がっている(2016年11月30日現在)。国会議員による「自伐型林業普及推進議員連盟」も立ち上がった。

就林支援の形――技術習得、資金調達などをどうするか

自伐型林業に出会い、地方にIターンした人に聞くと、「環境保全や地域再生の社会的意義がある」に加え、「作業員ではなく経営者としてやっていけるのが自伐の魅力」という声が聞かれる。実際に自伐型林業は、伐採や搬出といった特定の作業をくり返すのでなく、まかされた山林の価値をいかに上げていくか、いかに毎年収入を上げながら暮らしを成り立たせるか、工夫をこらしながら自分の頭で考える林業だ。

その魅力に惹かれて自伐型林業者を目指す人はあとを絶たないが、一人前になるためには技術研修会を開くなどそれなりのサポートが必要だ。日本の林業制度は支援対象として大規模な施業をする林業事業体や森林組合に偏っており、小規模の自伐型林業への支援はほとんどない。現時点で自伐を始めやすい環境が整っているのは高知県だろう。県がつくった「高知県小規模林業推進協議会」では、自伐型林業の技術習得に必要な研修のための講師派遣のほか、機械のレンタルや作業中の事故に備えた傷害総合保険加入にかかる費用の一部の補助を行なっている。

また、地方に縁もゆかりもないIターン者が取り組み始めるには、山林、住居、そして交通手段などの確保が課題となり、スタートのための資金も必要だ。移住者が新天地で自伐型林業に取り組むときに活用している「地域おこし協力隊」の制度は大変有効だが、自伐展開をしていない自治体ではそれもかなわない。

では、自治体に頼れない地域でどう展開していけばよいのか。その点

で参考になるのはシマントモリモリ団の宮﨑聖さんと妻の直美さんの活動だろう。2016年の夏に東京のサラリーマン夫妻の移住の受け皿になった2人は、近隣集落を数軒まわって住む家がないかを聞き、行政の移住支援窓口にかけあい、夫妻の移住後には近所の挨拶まわりに同行した。その結果、移住後半年もたたないうちに、20haほどの山林を確保できそうな話が飛び込むまでになっている。20haといえば、林業を軸にしながら兼業スタイルで暮らしていくには十分な山林だ。移住、スキルアップ、そして山林の確保という理想的な流れ。夫妻がいよいよ自立・自営の自伐型林業へ歩み始められたのは、宮﨑さんたちのような受け皿が必要であることを証明している。

これからのカギを握る「農家林家」

かつて50万人以上だった林業者の数は、とうとう5万人を割り、「林業は衰退産業」といわれても仕方のない状況だ。一方で、自伐型林業の動きは地域レベルでは確実に林業従事者を増やし始めている。全国の民間事業体や自治体が現場で成果を積み重ね横のつながりを築いていくことが、結果的には全国の小規模林業者が活動しやすい環境づくりにつながることだろう。

これから期待したいのは、農業や福祉など中山間地域の中核を担っている多分野の業種の林業参入だ。農林水産省によると現在でも約90万戸の農家が山林を所有しており（2010年世界農林業センサス）、戦後主流だった「農家林家」が再び増えれば、山林資源を活用した就業の場になり、山林価値の向上にもつながる。

今年度から具体的に動き出した福祉の協業も見逃せない。千葉県香取市の社会福祉法人「福祉楽団」*は、障がい者就労として自伐型林業の取り組みをスタートさせた。まだまだ自伐の展開は緒についたばかりだが、多様な分野からの自伐参入が中山間地域を盛り上げる活動になっていくだろう。

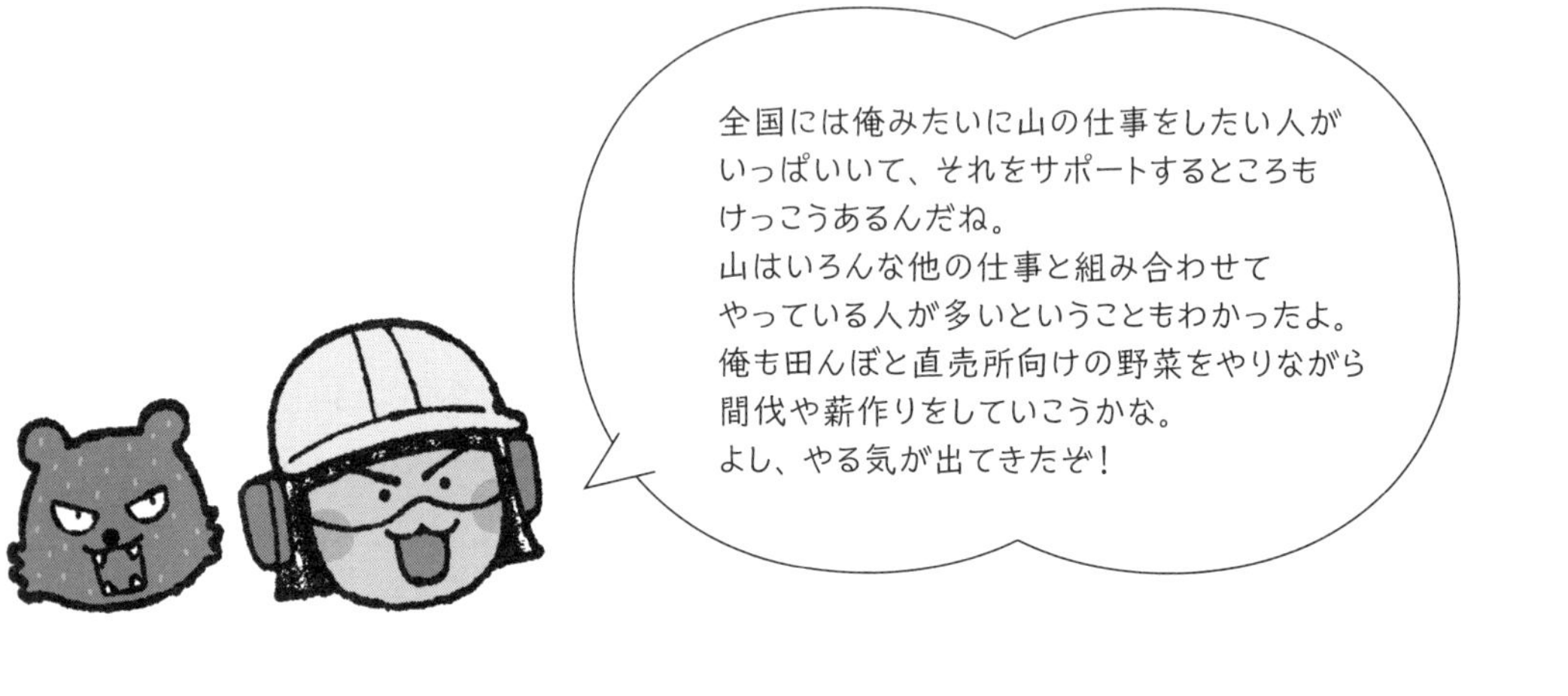
全国には俺みたいに山の仕事をしたい人がいっぱいいて、それをサポートするところもけっこうあるんだね。
山はいろんな他の仕事と組み合わせてやっている人が多いということもわかったよ。
俺も田んぼと直売所向けの野菜をやりながら間伐や薪作りをしていこうかな。
よし、やる気が出てきたぞ！

＊福祉楽団
「福祉楽団」の栗源《くりもと》協働支援センター（就労継続支援A型施設）での取り組み。

初出一覧

Part 1　自分で切れば意外とおカネになる 編

初代モリ券長者は42年ぶりのUターン農家 …… 書き下ろし

「シマントモリモリ団」が始めた自伐型林業
……………『シリーズ田園回帰⑥新規就農・就林への道』

山暮らしの術に薪販売あり
……………………『最高！薪＆ロケットストーブ』(2013)

斧を使った薪割りのコツ……………………『季刊地域』12号

薪割り機の工夫
——移動式薪割り機…………『現代農業』2011年12月号
——強力な薪割り機…………『現代農業』2012年 3月号
——幅広刃 ……………………『現代農業』2011年12月号
——剛腕君 ………『最高！薪＆ロケットストーブ』(2013)

薪販売でいちばん大事な乾燥のコツ
…………『現代農業』2010年 1月号/『季刊地域』12号

薪を売るコツ …… 『最高！薪＆ロケットストーブ』(2013)/
『季刊地域』16号/『現代農業』2010年1月号/
2011年12月号

C材を地域通貨で買い取る「木の駅」が急拡大中
………………………………………………『季刊地域』15号

木の駅全国マップ ………………………………『季刊地域』15号

まちなかの発電所が1人ひと月5万〜6万円の稼ぎを生み出す
………………………………………………『季刊地域』21号

木質バイオマス発電所計画　全国マップ
………………………………………………『季刊地域』21号

1日1万5000円になる軽トラ林業…………『季刊地域』16号

道ばた集荷で1m³ 8000円…………『季刊地域』16号/19号

きこりのろうそく ………………………………『季刊地域』12号

人に任せると1m³ 100円、自分で切れば3100円
………………………………………………『季刊地域』19号

リスのつくったエビフライ ……………………『季刊地域』13号

Part 2　チェンソーを使いこなす 編

装備とチェンソーの選び方…… 『現代農業』2015年1月号

エンジン始動のコツ …………… 『現代農業』2015年3月号

疲れない姿勢と持ち方………… 『現代農業』2015年4月号

玉切りをうまくやるコツ ……… 『現代農業』2015年5月号

目立てのカンドコロ ……『現代農業』2015年7月号/8月号

伐倒のコツ… 『現代農業』2015年9月号/11月号/12月号/
2016年1月号

舘脇信王丸さんの愛用道具 ………………………書き下ろし

Part 3　小さい林業で稼ぐための基礎知識 編

うちの山とのつきあいはどう変わってきたんだろう?
………………………………………………『季刊地域』16号

そもそもよくわからない林業のイロハ…『季刊地域』16号

山の探偵に聞く ………………………………『季刊地域』16号

便利なハンディGPSレンタル………………『季刊地域』16号

境界線の手がかりとなる「山の地図」を入手するには?
………………………………………………『季刊地域』16号

軽トラ林業の講習会「サラリーマン林太郎」に行ってみた
………………………………………………『季刊地域』19号

いつ、どんな目安で間伐すればいい? …『季刊地域』16号

木を切るところを見に行った………………『季刊地域』15号

木をねらった方向に確実に倒せるT字型定規
………………………………………『現代農業』2010年9月号

荒れた山を甦らせた鋸谷式の強間伐
………………………………………『現代農業』2010年9月号

枝打ち5mで大径林づくり …… 『現代農業』2010年9月号

作業道づくりから始まる
……………『シリーズ田園回帰⑥新規就農・就林への道』

1日3万円稼ぐ木の切り方 …………………『季刊地域』19号

自分で製材すれば丸太の4〜5倍で売れる
………………『現代農業』2010年11月号/2012年3月号

足場パイプで簡易製材機 …………………『季刊地域』16号

境界確定のための仕事に使える…………『季刊地域』20号

交付金で買ったこんなもの ………………『季刊地域』20号

丸太の切り口 …………………………………『季刊地域』19号

Part 4　木を運ぶ道具・機械 編

林業の大きな機械 小さな機械 …………『季刊地域』19号

アルミブリッジと滑車があれば人力でここまで積める
………………………………………………………書き下ろし

トラクタで集材、積み込み
……『現代農業』2012年3月号/2010年9月号/11月号

波板とトラロープで集材 ……………………『季刊地域』23号

みんなが使ってる搬出道具・機械ってどんなの?
………………………………………………『季刊地域』16号

馬搬 ……………………………………………『季刊地域』29号

自伐型林業の広がりと就林支援
……………『シリーズ田園回帰⑥新規就農・就林への道』

＊年齢や価格などの情報は書き下ろしを除き、掲載時のものです。

小さい林業で稼ぐコツ
軽トラとチェンソーがあればできる

2017年9月25日　第1刷発行
2022年3月10日　第11刷発行

編　者　一般社団法人
農山漁村文化協会

発行所　一般社団法人　農山漁村文化協会
〒107-8668　東京都港区赤坂7丁目6－1
電話　03(3585)1142(営業)　03(3585)1147(編集)
FAX　03(3585)3668　振替　00120-3-144478
URL　https://www.ruralnet.or.jp/

ISBN978-4-540-17158-1　DTP制作／㈱農文協プロダクション
〈検印廃止〉　印刷・製本／凸版印刷(株)
©農山漁村文化協会2017
Printed in Japan　定価はカバーに表示
乱丁・落丁本はお取り替えいたします。